JN272544

解きながら学ぶ
電気回路演習

馬場一隆・宮城光信 著

朝倉書店

本書は，株式会社昭晃堂より出版された同名書籍を再出版したものです．

まえがき

　本書は，大学あるいは高専で，電気回路学を学ぶ人の副読本として書かれた演習書である．電気回路学は，電気・通信・電子等の分野では，最も基礎的な専門科目であり，単に知識を学ぶだけでは不足で，その知識を応用して様々な問題の解答を導く力を身につける事が最も重要である．このため，電気回路学の教科書では，他の専門科目の教科書に比べ，多数の演習問題が章末などに出題されているのである．しかし，多くの教科書においては，残念ながら，頁数の関係からか，演習問題の解答が簡潔に過ぎるものが多いように思われる．一度で正しい解答を導くことができるなら，答だけでも充分である．しかし，電気回路学を初めて学ぶような場合には，理解不足や単純な勘違いが原因で，なかなか正解にいたることができず，間違いの箇所をみつけるのに大変な努力と時間を要することも多い．もちろん，それはそれで力がつくのであるが，効率的に電気回路学の学習をすすめるには，詳しい解法が示されている演習書の利用が有効であると思われる．

　本書は，このような考えの下で執筆された．演習問題は，初学者の理解を深めるという視点で選定し，その解法を詳しく解説することに力点を置いた．一つの問題を様々な視点から考えるのも，電気回路学の理解を深めるのに役立つと思われるので，別解を示したものも多い．また，演習問題の前に，問題を解く上で最も有効と思われる知識を簡潔に整理した．定理や公式の証明等は，多くは省略したが，電気回路学の理解に役立つと思われる場合には，例題として取り上げて演習の感覚で導いている場合もある．解答に多くを割いたため，演習書としては問題数が少なくなったが，その分問題は厳選したつもりである．

　本書が，電気関連の技術者を志す方々の勉学の一助となれば幸いである．

2004年3月

馬場　一隆
宮城　光信

目 次

第1章 電気回路の構成要素

1.1 直流と交流 …………………………………………………………… 1
1.2 電源と回路素子 ……………………………………………………… 4
　演 習 問 題 ……………………………………………………………… 8

第2章 回路の基本的な考え方

2.1 キルヒホッフの法則 ………………………………………………… 11
2.2 回路方程式 …………………………………………………………… 13
2.3 抵抗の直列接続と並列接続 ………………………………………… 16
2.4 知っておくと便利な知識 …………………………………………… 19
　演 習 問 題 ……………………………………………………………… 23

第3章 正弦波交流回路の計算法

3.1 正弦波交流のフェーザ表示 ………………………………………… 30
3.2 インピーダンスとアドミタンス …………………………………… 33
3.3 正弦波交流回路の計算公式 ………………………………………… 36
3.4 正弦波交流回路の周波数特性 ……………………………………… 37
　演 習 問 題 ……………………………………………………………… 42

第4章 電　力

4.1 電力と電力量 ………………………………………………………… 48
4.2 直流の電力 …………………………………………………………… 48
4.3 正弦波交流の電力 …………………………………………………… 49
　演 習 問 題 ……………………………………………………………… 51

第5章　変成器（変圧器）回路

5.1　変成器の基本式と等価回路 ……………………………………… 54
5.2　密結合変成器と理想変成器 ………………………………………… 56
　演 習 問 題 ……………………………………………………………… 57

第6章　四端子回路

6.1　種々の四端子行列 …………………………………………………… 60
6.2　諸行列間の関係 ……………………………………………………… 64
6.3　四端子回路の相互接続 ……………………………………………… 66
6.4　等価な T 型・π 型回路 ……………………………………………… 69
6.5　入力インピーダンスと出力インピーダンス ……………………… 70
　演 習 問 題 ……………………………………………………………… 72

第7章　回路の諸定理

7.1　重ね合わせの理 ……………………………………………………… 76
7.2　相 反 定 理 …………………………………………………………… 77
7.3　等価電源の定理 ……………………………………………………… 80
7.4　補 償 定 理 …………………………………………………………… 82
7.5　T-π 変換（Y-Δ 変換）……………………………………………… 85
7.6　供給電力最大の法則 ………………………………………………… 86
　演 習 問 題 ……………………………………………………………… 88

第8章　過 渡 現 象

8.1　簡単な回路の過渡現象 ……………………………………………… 92
8.2　伝 達 関 数 …………………………………………………………… 97
　演 習 問 題 ……………………………………………………………… 99

演習問題解答例 …………………………………………………………… 101
索　　　引 ………………………………………………………………… 189

1 電気回路の構成要素

本章では,電気回路を学習するための基礎的な知識についてまとめる.具体的には,電圧・電流の波形に関する諸パラメータの定義と,電気回路で用いられる主な素子(ただし,変圧器については別に章を立てて説明する)の機能と,その数学的表現について学ぶ.

1.1 直流と交流

電圧$v(t)$ [V] や電流$i(t)$ [A] の大きさと方向が,時間t [s] によらず一定であるものを**直流**といい,ある周期T [s] ごとに同じ変化をくりかえすものを**交流**という.

直流は,回路に生じる電圧・電流がすべて定数であるので,理解が容易で,計算も比較的簡単である.一方,交流は,時間によって変動するので,そのままでは扱いが容易ではない.そこで,交流については,電圧・電流の大雑把な大きさを表すパラメータがいくつか定義されているが,重要なのは以下の3つである.

最大値(波高値):1周期中で最大の電圧・電流の値

絶対平均値 :$I_a = \dfrac{1}{T}\displaystyle\int_0^T |i(t)| dt$ [A]

実効値 :$I_e = \sqrt{\dfrac{1}{T}\displaystyle\int_0^T i^2(t) dt}$ [A]

ここで,$i(t)$ は,**瞬時値**とよばれ,時間t における電流の大きさを表している.言うまでもないが,上の定義式はいずれも電流についての例で,電圧については$i(t)$ を$v(t)$ に変えて計算すればよい.絶対平均値は整流回路において重要である.実効値は電力の計算のときに便利なパラメータであり,一般

に交流の電圧・電流の大きさを言うときは，実効値を使うことが多い．

また，交流の中でも，電圧・電流の変化が
$$i(t) = I_M \sin(\omega t + \theta)$$
のように正弦波関数で表されるものを**正弦波交流**とよぶ．ここで，

$i(t)$：瞬時値 [A]
I_M：最大値 [A]
θ：位相角 [rad，場合によっては °（度）を用いることもある]
ω：角周波数 [rad/s]

である．**角周波数** ω は，**周波数** f [Hz]，**周期** T [s] との間に各々
$$\omega = 2\pi f = 2\pi/T$$
の関係がある．また，正弦波交流では，絶対平均値 I_a と実効値 I_e は，最大値 I_M を用いて，各々

$$I_a = \frac{2 I_M}{\pi}$$

$$I_e = \frac{I_M}{\sqrt{2}}$$

と表される（証明は例題 1.1 を参照）．この関係を用いて，正弦波交流を
$$i(t) = \sqrt{2}\, I_e \sin(\omega t + \theta)$$
のように，実効値 I_e を用いて表すことも多い．

また，交流波形を，平均値が 0 となるような純粋な交流分 $i_{AC}(t)$ と，直流分 I_0 とに分けて，
$$i(t) = I_0 + i_{AC}(t)$$
のように表すこともある．平均値が 0 なので $i_{AC}(t)$ については，
$$\frac{1}{T}\int_0^T i_{AC}(t)\,dt = 0$$
の関係が成り立つ．このような交流分・直流分の概念は，電子回路のはたらきを学ぶとき，重要なポイントとなる．

【例題 1.1】
正弦波交流電圧 $v(t) = V_M \sin(\omega t)$ の絶対平均値 V_a と実効値 V_e を求めよ．

〈解答例〉
正弦波は対称性をもっており，$|v(t)|$ や $v^2(t)$ は半周期ごとに同じ波形をくりかえすので 0 から $T/2$ の範囲について計算すればよい．また，$\omega = 2\pi/T$ を用いる．

$$V_a = \frac{1}{T}\int_0^T |v(t)|\,dt = \frac{1}{T/2}\int_0^{T/2} |v(t)|\,dt = \frac{2}{T}\int_0^{T/2} V_M \sin\left(\frac{2\pi}{T}t\right)dt$$

$$= \frac{2}{T}\left[-\frac{T}{2\pi}V_M \cos\left(\frac{2\pi}{T}t\right)\right]_0^{T/2} = \frac{2}{\pi}V_M$$

$$V_e = \sqrt{\frac{1}{T}\int_0^T v^2(t)\,dt} = \sqrt{\frac{2}{T}\int_0^{T/2} V_M^2 \sin^2\left(\frac{2\pi}{T}t\right)dt}$$

$$= \sqrt{\frac{2}{T}V_M^2\left[\frac{t}{2} - \frac{T}{8\pi}\sin\left(\frac{4\pi}{T}t\right)\right]_0^{T/2}} = \sqrt{\frac{V_M^2}{T}\cdot\frac{T}{2}} = \frac{1}{\sqrt{2}}V_M$$

【例題 1.2】
右図の方形パルス波について，実効値 V_e と絶対平均値 V_a を求めよ．また，この波形を，1 周期分の平均値

$$\frac{1}{T}\int_0^T v(t)\,dt$$

が 0 となる純粋な交流分 $v_{AC}(t)$ と直流成分の和で表した場合の直流分の電圧 V_0 を求めよ．

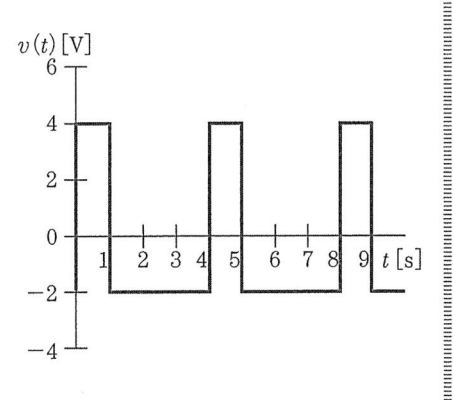

〈解答例〉
最初の1周期分について瞬時値 $v(t)$ を示すと,図より周期 T は4sなので,
$$v(t) = \begin{cases} 4 & [\text{V}] \ (0 \leq t \leq 1) \\ -2 & [\text{V}] \ (1 \leq t \leq 4) \end{cases}$$
となる.したがって,実効値 V_e と絶対平均値 V_a は,各々

$$V_e = \sqrt{\frac{1}{T}\int_0^T v^2(t)dt} = \sqrt{\frac{1}{4}\left[\int_0^1 4^2 dt + \int_1^4 (-2)^2 dt\right]}$$

$$= \sqrt{\frac{1}{4}[4^2 \times 1 + (-2)^2 \times (4-1)]} = \sqrt{7} = 2.65 \quad [\text{V}]$$

$$V_a = \frac{1}{T}\int_0^T |v(t)|dt = \frac{1}{4}\left[\int_0^1 |4|dt + \int_1^4 |-2|dt\right]$$

$$= \frac{1}{4}[4 \times 1 + 2 \times (4-1)] = \frac{5}{2} = 2.5 \quad [\text{V}]$$

次に,直流分 V_0 を求める.$v(t) = v_{AC}(t) + V_0$ であり,交流分 $v_{AC}(t)$ の平均値は,

$$\frac{1}{T}\int_0^T v_{AC}(t)dt = \frac{1}{T}\int_0^T [v(t) - V_0]dt$$

$$= \frac{1}{4}[(4-V_0) \times 1 + (-2-V_0) \times (4-1)] = \frac{1}{4}[-2 - 4V_0]$$

となり,この値が0となるので,最終的に次の方程式が得られる.
$$-2 - 4V_0 = 0$$
これを解くと,
$$V_0 = -\frac{1}{2} = -0.5 \quad [\text{V}]$$

1.2 電源と回路素子

(1) 電　源

出力される電圧が接続される外部回路に影響されず一定であるような電源を**電圧源**,出力される電流が接続される外部回路に影響されず一定であるような電源を**電流源**という.回路記号は,電源によって異なり下記の通りである.

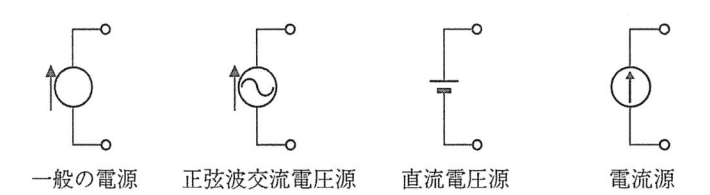

一般の電源　　正弦波交流電圧源　　直流電圧源　　　電流源

これらの記号では，いずれも上の方が正に定義されている．

（2）抵抗（レジスタ）

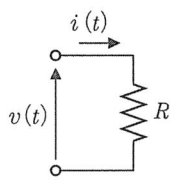

電気エネルギーを消費する素子で，記号は右図に示す通りである．素子の両端の電圧 $v(t)$ [V] と電流 $i(t)$ [A] の間には，**オームの法則**

$$v(t) = Ri(t)$$

$$i(t) = \frac{1}{R}v(t) = Gv(t)$$

が成り立つ．ここで，R は抵抗とよばれるパラメータで，単位はΩ（オーム）である．また，抵抗の逆数を G とおき，**コンダクタンス**とよぶ．コンダクタンスの単位は，最近ではS（ジーメンス）を使うことが多い．

（3）コイル（インダクタ）

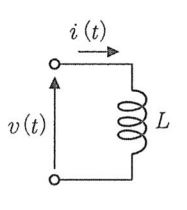

磁気エネルギーを蓄える素子である．電流・電圧間に，

$$v(t) = L\frac{di(t)}{dt}$$

$$i(t) = \frac{1}{L}\int v(t)dt$$

の関係が成り立ち，L は**インダクタンス**で，単位はH（ヘンリー）である．この式から明らかなように，直流に対しては，電流 $i(t)$ が一定なので両端の電圧 $v(t)$ は0となり，コイルは「短絡」と同じになる．

（4）コンデンサ（キャパシタ）

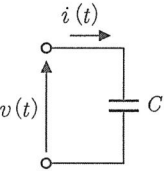

電気エネルギーを蓄える素子である．電流・電圧間に，

$$i(t) = C\frac{dv(t)}{dt}$$

$$v(t) = \frac{1}{C}\int i(t)dt$$

の関係が成り立ち，C は**キャパシタンス**（容量）で，単位は F（ファラド）である．直流に対しては，電圧 $v(t)$ が一定なので，素子に流れる電流 $i(t)$ は 0 となり，コンデンサは「開放」と同じになる．

【例題 1.3】

$R\,[\Omega]$ の抵抗，容量が $C\,[\mathrm{F}]$ のコンデンサ，インダクタンスが $L\,[\mathrm{H}]$ のコイルがある．各々の素子の両端に，瞬時値が，

$$v(t) = V_M \sin(\omega t + \theta)$$

の正弦波交流電圧を印加したとき，素子に流れる電流の瞬時値を求めよ．

〈解答例〉

（1） 抵抗 $R\,[\Omega]$

$$i(t) = \frac{1}{R}v(t) = \frac{V_M}{R}\sin(\omega t + \theta)$$

すなわち，電流の最大値は $I_M = V_M/R$ であり，位相角は θ で電圧と同じである．

（2） 容量 $C\,[\mathrm{F}]$

$$i(t) = C\frac{dv(t)}{dt} = CV_M\frac{d}{dt}\sin(\omega t + \theta) = CV_M\omega\cos(\omega t + \theta)$$

$$= \omega CV_M \sin(\omega t + \theta + \pi/2)$$

参考公式：$\dfrac{d}{dx}\sin(ax) = a\cos(ax)$，$\cos(x) = \sin(x + \pi/2)$

すなわち，電流の最大値は $I_M = \omega CV_M$ となり，位相角は $\theta + \pi/2$ で，電圧より位相が $\pi/2\,[\mathrm{rad}]$ 進んでいる．

（3） インダクタンス $L\,[\mathrm{H}]$

$$i(t) = \frac{1}{L}\int v(t)dt = \frac{V_M}{L}\int \sin(\omega t + \theta)dt$$

1.2 電源と回路素子

$$= \frac{V_M}{L}\left[-\frac{1}{\omega}\cos(\omega t+\theta)\right] = \frac{V_M}{\omega L}\sin(\omega t+\theta-\pi/2)$$

参考公式:$\int \sin(ax)dx = \frac{1}{a}\cos(ax)$, $-\cos(x) = \sin(x-\pi/2)$

すなわち,電流の最大値は $I_M = V_M/(\omega L)$ となり,位相角は $\theta-\pi/2$ で,電圧より位相が $\pi/2$ [rad] 遅れている.

【例題 1.4】

インダクタンスが 0.6 H のコイルに,右図のように電流を流した.コイルの両端の電圧が時間によってどのように変化するか,その概形を描け.

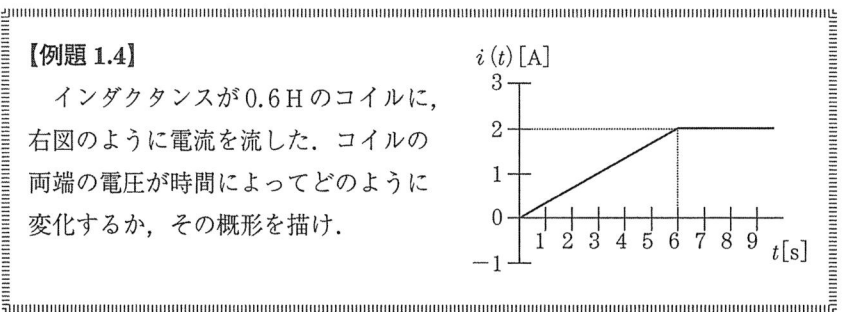

〈解答例〉

コイルに流される電流の変化を数式で示すと,以下のようになる.

$$\begin{cases} i(t) = \dfrac{1}{3}t & [A]\ (0 \leq t \leq 6\ [s]) \\ i(t) = 2 & [A]\ (6 \leq t\ [s]) \end{cases}$$

インダクタンスが L [H] のコイルの両端に生じる電圧は,

$$v(t) = L\frac{di(t)}{dt}$$

より

$$\begin{cases} v(t) = 0.6\dfrac{d}{dt}\left(\dfrac{1}{3}t\right) = \dfrac{0.6}{3} = 0.2 & [V]\ (0 \leq t \leq 6\ [s]) \\ v(t) = 0.6\dfrac{d}{dt}(2) = 0.6 \cdot 0 = 0 & [V]\ (6 \leq t\ [s]) \end{cases}$$

となる.よって,電圧は右上図のように変化する.

1 電気回路の構成要素

演習問題

問 1.1 周波数が，(a) 500 kHz，(b) 20 MHz，(c) 40 Hz，(d) 2.5 GHz の各々の交流について周期 T を求めよ．

問 1.2 周期が，(a) 200 ms，(b) 0.5 ns，(c) 0.01 s，(d) 4 μs の交流の周波数 f を各々求めよ．

問 1.3 周波数 f が，(a) 100 Hz，(b) 2 kHz，(c) 50 MHz，(d) 10 GHz の交流の角周波数 ω を各々求めよ．

問 1.4 周期 T が，(a) 0.02 s，(b) 50 ms，(c) 4 μs，(d) 10 ns の交流の角周波数 ω を各々求めよ．

問 1.5 以下の値を求めよ．
(1) 実効値 V_e が 100 V の正弦波交流電圧の最大値 V_M．
(2) 最大値 V_M が 7 V の正弦波交流電圧の実効値 V_e．
(3) 実効値 I_e が 4 A の正弦波交流電流の絶対平均値 I_a．
(4) 絶対平均値 I_a が 2 A となるための正弦波交流電流の実効値 I_e．

問 1.6 下図に示す波形の正弦波交流電圧の瞬時値 $v(t)$ を表す式を求めよ．

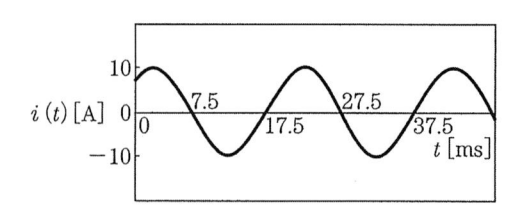

問 1.7 下図(a)から(c)に示す正弦波交流電圧の各々について，最大値 V_M，実効値 V_e，周期 T，周波数 f，角周波数 ω，位相角 θ，および瞬時値 $v(t)$ を表

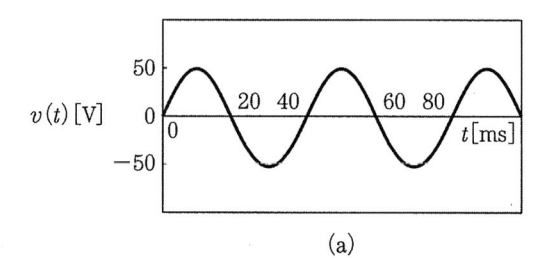

(a)

           15
$v(t)\,[\mathrm{V}]$ 0   0.1   0.5 $t\,[\mathrm{s}]$
          −15   0   0.3   0.7

(b)

          1
$v(t)\,[\mathrm{V}]$ 0   4   10   16 22 $t\,[\mu\mathrm{s}]$
         −1   0

(c)

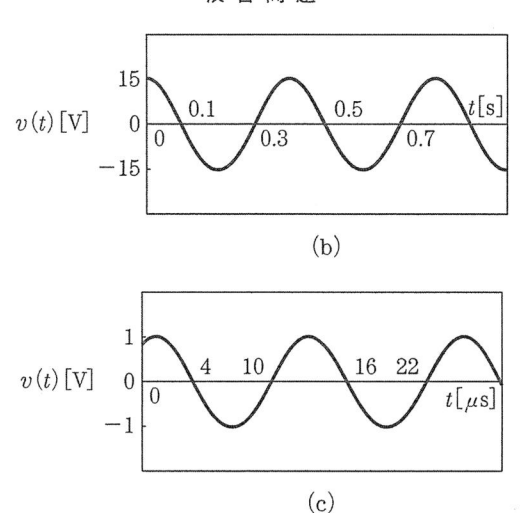

す式を求めよ．

問 1.8 下図の方形パルス波について，実効値 V_e と絶対平均値 V_a を求めよ．また，この波形の，直流分の電圧 V_0 を求めよ．

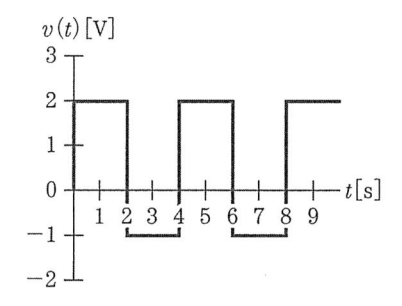

$v(t)\,[\mathrm{V}]$
3
2
1
0   1 2 3 4 5 6 7 8 9 $t\,[\mathrm{s}]$
−1
−2

問 1.9 $R\,[\Omega]$ の抵抗，容量が $C\,[\mathrm{F}]$ のコンデンサ，インダクタンスが $L\,[\mathrm{H}]$ のコイル各々に，瞬時値が，
$$i(t)=I_M \sin(\omega t+\theta)$$
の正弦波交流電流を流したとき，素子の両端に生じる電圧の瞬時値を表す式を求めよ．

問 1.10 下図に示すような方形波について，以下の問に答えよ．
 （1）絶対平均値 I_a を求めよ．
 （2）実効値 I_e を求めよ．

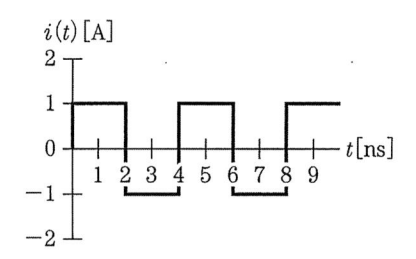

(3) このような方形波電流を，10 Ω の抵抗に流したとき，抵抗の両端に生じる電圧の変化の概略を示せ．

(4) このような方形波電流を，容量が 100 pF のコンデンサに流したとき，コンデンサの両端に生じる電圧の変化の概略を示せ．ただし，$t=0$ において，コンデンサに蓄えられている電荷は 0 であるとする．

問 1.11 下図に示すような波形の電流が，インダクタンス $L=2$ mH のコイルに流れているとき，コイルの両端に発生する電圧の変化を求め，その概略を描け．

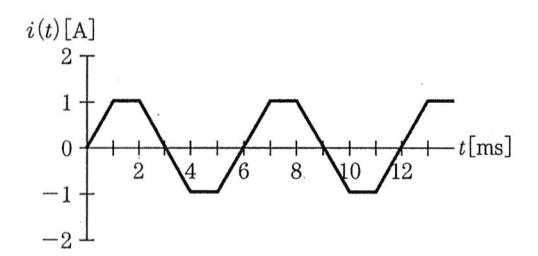

2 回路の基本的な考え方

　本章では，簡単のため，抵抗と電源のみからなる直流回路を用い，電気回路に関する最も基本的な解法について学習する．どのような回路でも，回路内の電圧・電流分布は，キルヒホッフの法則から導かれる回路方程式を解くことによって求めることができるので，本章で学ぶ内容は電気回路を理解する上での根幹となる．この他，抵抗の直列・並列接続に関する公式や，ブリッジ回路の平衡条件等，電気回路を解く上で有益な基礎知識についても学習する．

2.1 キルヒホッフの法則

　電気回路内の電圧・電流分布は，キルヒホッフの法則に従う．この法則について説明する前に，いくつかの用語を定義することにする．まず，電気回路において，素子を結ぶ導線3つ以上の合流点を**節点**（点，頂点）という．また，節点と節点を結ぶ線を**枝**（辺，線）といい，節点と節点を結んで得られる2つ以上の枝からなる輪を**閉路**（網目）という（以上，下図を参照のこと）．

（1）　**キルヒホッフの第1法則（電流則，節点則）**：任意の節点において，

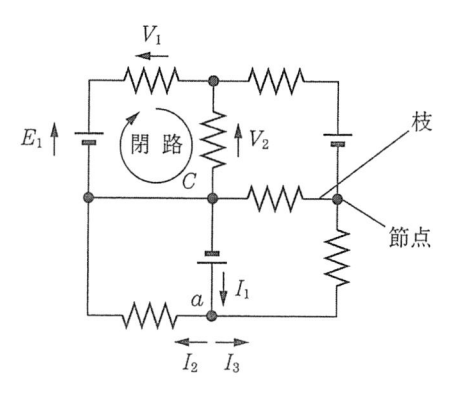

節点に流入する枝電流の総和は0である（ただし，電流の符号については，流入する電流は＋，流出する電流は－にとる）．

〈例〉下図の節点aにおいて$I_1-I_2-I_3=0$である．

(2) **キルヒホッフの第2法則（電圧則，閉路則）**：任意の閉路において，閉路に沿った枝電圧の総和は0である（ただし，電圧の向きにより＋－を定める必要がある）．

〈例〉前ページの例図の閉路Cにおいて$E_1-V_1-V_2=0$である．

【例題 2.1】

右図において，I_3の値を求めよ．

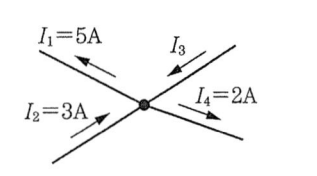

$I_1=5A$　I_3
$I_2=3A$　$I_4=2A$

〈解答例〉

キルヒホッフの第1法則（電流則）より

$$-I_1+I_2+I_3-I_4=0$$

数値を代入してI_3の値を求めると

$$I_3=I_1-I_2+I_4=5-3+2=4 \quad [A]$$

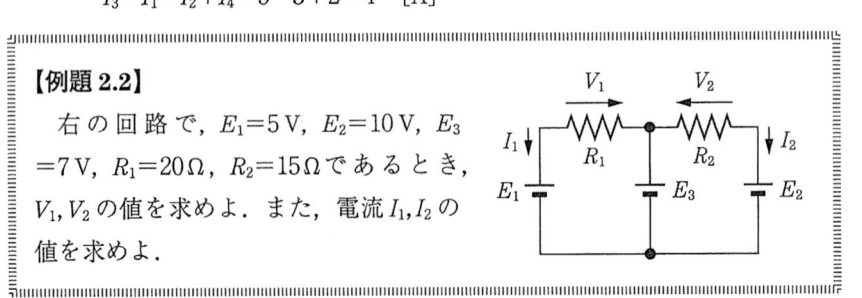

【例題 2.2】

右の回路で，$E_1=5\,\mathrm{V}$, $E_2=10\,\mathrm{V}$, $E_3=7\,\mathrm{V}$, $R_1=20\,\Omega$, $R_2=15\,\Omega$であるとき，V_1, V_2の値を求めよ．また，電流I_1, I_2の値を求めよ．

〈解答例〉

キルヒホッフの第2法則を用いる．下図の矢印に沿って，矢印と同方向の電圧を正，逆方向を負として枝電圧の和をとると，

$$E_3-V_1-E_1=0$$

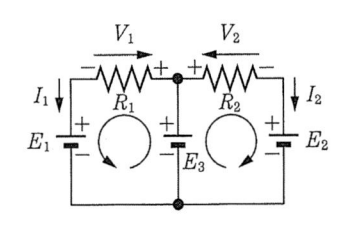

$E_3-V_2-E_2=0$

数値を代入すると,

$V_1=E_3-E_1=7-5=2$ [V]

$V_2=E_3-E_2=7-10=-3$ [V]

電流は,オームの法則より

$I_1=V_1/R_1=2/20=0.1$ [A]

$I_2=V_2/R_2=-3/15=-0.2$ [A]

2.2 回路方程式

電気回路内の各素子にかかる電圧や各素子に流れる電流は,キルヒホッフの法則を用いて連立方程式を立てることにより,全て求めることができる.このとき,お互いに独立な方程式を,未知のパラメータの数だけ立てなければならないが,この作業を効率的に行うために,いくつかの方法が提案されている.

(1) 枝電流法

各枝に流れる電流(枝電流)を未知のパラメータとしておく方法で,回路に含まれる枝の数だけの方程式を立てなければならない.方程式の立て方は,まず,キルヒホッフの第1法則(電流則)より「節点の数-1」個の方程式を立て,次に第2法則(電圧則)より「閉路の数」だけ方程式を立てる.

(2) 閉路電流法(網目電流法)

まず,閉路電流について説明する必要がある.閉路電流とは,各閉路に流れる電流の「還流」のことを言い,右図の例では,I_A, I_B が閉路電流である.枝電流は I_1, I_2, I_3 であり,これらは,閉路電流を用いて,

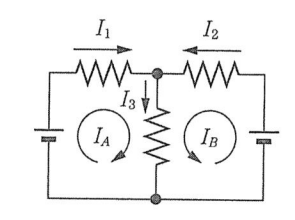

$I_1=I_A,\qquad I_2=I_B,\qquad I_3=I_A+I_B$

と表される.閉路電流法では,閉路電流が求めるべき未知のパラメータとなり,必要な方程式の数は,「閉路の数」に等しくなる.方程式は,各閉路についてキルヒホッフの第2法則(電圧則)のみを用いて立てる.

(3) 節点電位法

求めるべき未知のパラメータとしては,各節点の電位を用いる.ただし,こ

のうち1つを基準電位として0と置くので，実際に求めるべき未知のパラメータの数は，「回路中の節点の数−1」個となる．方程式は，基準となる節点を除く全ての節点について，キルヒホッフの第1法則（電流則）を用いて立てる．

【例題 2.3】

右の回路で，各抵抗に流れる電流 I_1, I_2, I_3 を求めよ．

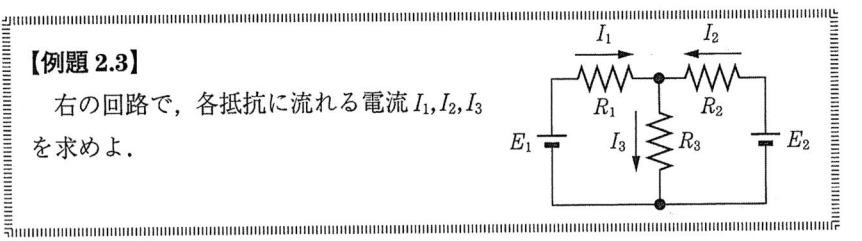

〈解答例1：枝電流法〉

各素子に流れる枝電流 I_1, I_2, I_3 を用いて回路方程式を立てる．キルヒホッフの電流則より節点1について

$$I_1 + I_2 - I_3 = 0$$

が，電圧則より2つの閉路について

$$R_1 I_1 + R_3 I_3 = E_1$$
$$R_2 I_2 + R_3 I_3 = E_2$$

が得られ，これら3つの方程式を連立させて解くと，

$$\begin{cases} I_1 = \dfrac{(R_2 + R_3)E_1 - R_3 E_2}{R_1 R_2 + R_2 R_3 + R_3 R_1} \\[2mm] I_2 = \dfrac{(R_1 + R_3)E_2 - R_3 E_1}{R_1 R_2 + R_2 R_3 + R_3 R_1} \\[2mm] I_3 = \dfrac{R_2 E_1 + R_1 E_2}{R_1 R_2 + R_2 R_3 + R_3 R_1} \end{cases}$$

のように各枝電流が求められる．

〈解答例2：閉路電流法〉

右図のように閉路電流 I_A, I_B を定める．枝電流 I_1, I_2, I_3 はこれらの閉路電流を用いて，

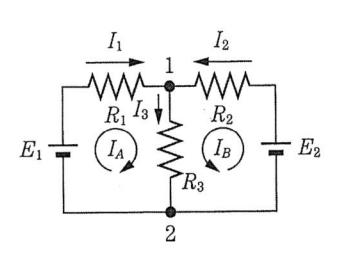

2.2 回路方程式

$$I_1 = I_A$$
$$I_2 = I_B$$
$$I_3 = I_A + I_B$$

と表されるので，キルヒホッフの電圧則を用いて，

$$R_1 I_A + R_3 (I_A + I_B) = E_1$$
$$R_2 I_B + R_3 (I_A + I_B) = E_2$$

のように，閉路電流 I_A, I_B の連立方程式が得られる．方程式を整理すると

$$(R_1 + R_3) I_A + R_3 I_B = E_1$$
$$R_3 I_A + (R_2 + R_3) I_B = E_2$$

となり，これを解くと，

$$I_A = \frac{(R_2 + R_3) E_1 - R_3 E_2}{R_1 R_2 + R_2 R_3 + R_3 R_1}$$

$$I_B = \frac{(R_1 + R_3) E_2 - R_3 E_1}{R_1 R_2 + R_2 R_3 + R_3 R_1}$$

のように閉路電流が得られる．これらを用いると，各枝電流は，

$$\begin{cases} I_1 = I_A = \dfrac{(R_2 + R_3) E_1 - R_3 E_2}{R_1 R_2 + R_2 R_3 + R_3 R_1} \\[2mm] I_2 = I_B = \dfrac{(R_1 + R_3) E_2 - R_3 E_1}{R_1 R_2 + R_2 R_3 + R_3 R_1} \\[2mm] I_3 = I_A + I_B = \dfrac{R_2 E_1 + R_1 E_2}{R_1 R_2 + R_2 R_3 + R_3 R_1} \end{cases}$$

と求められる．

〈解答例3：節点電位法〉

右図のように節点電位 V_1, V_2 を定める．V_2 を基準電位 ($V_2 = 0$) とすると，枝電流 I_1, I_2, I_3 は，V_1 を用いて，

$$I_1 = (E_1 - V_1) / R_1$$
$$I_2 = (E_2 - V_1) / R_2$$
$$I_3 = V_1 / R_3$$

と表される．キルヒホッフの電流則を用いると

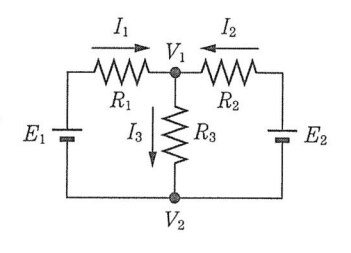

$$\frac{E_1-V_1}{R_1} + \frac{E_2-V_1}{R_2} = \frac{V_1}{R_3}$$

のように節点電位 V_1 に関する方程式が得られる．方程式を解くと

$$\left(\frac{1}{R_1} + \frac{1}{R_2} + \frac{1}{R_3}\right)V_1 = \frac{E_1}{R_1} + \frac{E_2}{R_2}$$

$$V_1 = \frac{R_2R_3E_1 + R_1R_3E_2}{R_1R_2 + R_2R_3 + R_3R_1}$$

これを用いて，各枝電流を求めると，答は同様に

$$\begin{cases} I_1 = \dfrac{E_1-V_1}{R_1} = \dfrac{(R_2+R_3)E_1 - R_3E_2}{R_1R_2 + R_2R_3 + R_3R_1} \\ I_2 = \dfrac{E_2-V_1}{R_2} = \dfrac{(R_1+R_3)E_2 - R_3E_1}{R_1R_2 + R_2R_3 + R_3R_1} \\ I_3 = \dfrac{V_1}{R_3} = \dfrac{R_2E_1 + R_1E_2}{R_1R_2 + R_2R_3 + R_3R_1} \end{cases}$$

2.3 抵抗の直列接続と並列接続

キルヒホッフの法則を基に，複数の抵抗からなる回路の合成抵抗や，各抵抗の電圧や電流を求めるための簡単な公式を導くことができる．

(1) 直列接続

右図において，端子 1-2 間の合成抵抗 R は

$$R = R_1 + R_2 = \frac{1}{G_1} + \frac{1}{G_2}$$

となる．ただし，

$$G_1 = 1/R_1, \ G_2 = 1/R_2$$

である．また，各抵抗にかかる電圧（分圧）は

$$V_1 = \frac{R_1}{R_1+R_2}V, \qquad V_2 = \frac{R_2}{R_1+R_2}V$$

により求められる．なお，抵抗が 3 つ以上の場合も同様に求めることができ，たとえば，n 個の抵抗が直列接続された回路の合成抵抗は，

$$R = R_1 + R_2 + R_3 + \cdots + R_n = \sum_{i=1}^{n} R_i$$

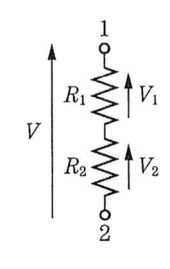

となる.

(2) 並列接続

右図において，端子 1-2 間の合成抵抗 R は

$$R = \frac{R_1 R_2}{R_1 + R_2} = \frac{1}{G_1 + G_2}$$

あるいは，コンダクタンスを用いて

$$\frac{1}{R} = \frac{1}{R_1} + \frac{1}{R_2} = G_1 + G_2 = G$$

と求められる．また，各抵抗に流れる電流（分流）は

$$I_1 = \frac{R_2}{R_1 + R_2} I, \quad I_2 = \frac{R_1}{R_1 + R_2} I$$

により求められる．n 個の抵抗からなる並列回路の場合，

$$\frac{1}{R} = \frac{1}{R_1} + \frac{1}{R_2} + \frac{1}{R_3} + \cdots\cdots + \frac{1}{R_n} = \sum_{i=1}^{n} \frac{1}{R_i}$$

より合成抵抗を求めることができる．

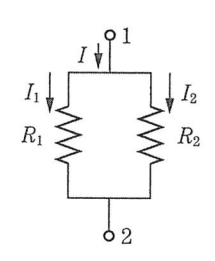

【例題 2.4】

右図に示すような抵抗 R_1 と R_2 の直列接続において，端子 1-2 間の合成抵抗 R が

$$R = R_1 + R_2$$

と表されることを，キルヒホッフの法則とオームの法則から導け．また，端子 1-2 間に電圧 V を印加したとき，抵抗 R_1, R_2 にかかる電圧が，各々

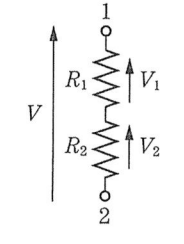

$$V_1 = \frac{R_1}{R_1 + R_2} V, \qquad V_2 = \frac{R_2}{R_1 + R_2} V$$

と表されることを示せ．

〈解答例〉

まず合成抵抗から考える．端子 1-2 間に流れる電流を I とおく．1-2 間には分岐路がないので，抵抗 R_1 と R_2 には，I がそのまま流れる．したがって，オ

ームの法則より，
$$V_1 = R_1 I, \qquad V_2 = R_2 I$$
一方，キルヒホッフの第2法則（電圧則）より
$$V = V_1 + V_2 = R_1 I + R_2 I = (R_1 + R_2) I$$
オームの法則より端子間の抵抗は，端子間の電流と電圧の比となるので，
$$R = \frac{V}{I} = R_1 + R_2$$
と，合成抵抗が求められる．次に，各抵抗にかかる電圧については，上式より
$$I = \frac{V}{R_1 + R_2}$$
となることを用いて，
$$V_1 = R_1 I = R_1 \frac{V}{R_1 + R_2} = \frac{R_1}{R_1 + R_2} V, \qquad V_2 = R_2 I = R_2 \frac{V}{R_1 + R_2} = \frac{R_2}{R_1 + R_2} V$$
と得られる．

【例題 2.5】

右図に示すような抵抗 R_1 と R_2 の並列接続において，端子1-2間の合成抵抗 R が

$$R = \frac{R_1 R_2}{R_1 + R_2}$$

と表されることをキルヒホッフの法則とオームの法則から導け．また，端子1-2間に電流 I を流したとき，抵抗 R_1, R_2 に流れる電流が，各々

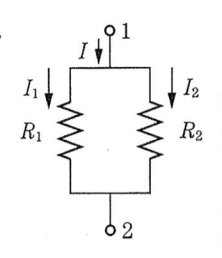

$$I_1 = \frac{R_2}{R_1 + R_2} I, \qquad I_2 = \frac{R_1}{R_1 + R_2} I$$

と表されることを示せ．

〈解答例〉

端子1-2間の電圧を V とおくと，抵抗 R_1 と R_2 の両端は各々端子に直結されているので両抵抗には V がそのまま印加される．したがって，オームの法

則より，
$$I_1 = V/R_1, \qquad I_2 = V/R_2$$
一方，キルヒホッフの第1法則（電流則）より
$$I = I_1 + I_2 = \frac{V}{R_1} + \frac{V}{R_2} = \left(\frac{1}{R_1} + \frac{1}{R_2}\right)V$$
オームの法則より，端子間の合成抵抗は，
$$R = \frac{V}{I} = \frac{1}{1/R_1 + 1/R_2} = \frac{R_1 R_2}{R_1 + R_2}$$
と求められる．次に，各抵抗に流れる電流については，上式より
$$V = \frac{R_1 R_2}{R_1 + R_2} I$$
となることを用いて
$$I_1 = \frac{V}{R_1} = \frac{R_2}{R_1 + R_2} I, \qquad I_2 = \frac{V}{R_2} = \frac{R_1}{R_1 + R_2} I$$
と得られる．

2.4 知っておくと便利な知識

キルヒホッフの法則を基に回路方程式を立てることが，電気回路の解法の基本であるが，前節で学んだ直列・並列接続の公式のように，知っていると便利な知識がいくつかあるので，以下に簡単にまとめる．なお，この他にも「重ね合わせの理」や「等価電源の定理」等の重要な定理がいくつか残っているが，これらについては別に章を立てて詳しく述べる．

（1）ブリッジ回路

右図に示すようなブリッジ回路において，端子 a と端子 b が等電位となる条件（平衡条件）は，
$$R_1 R_4 = R_2 R_3 \qquad \text{あるいは} \qquad \frac{R_1}{R_3} = \frac{R_2}{R_4}$$
である．この関係が成り立っている場合，等電位な端子 a, b について，以下の知識は有益である．

- 端子 a-b 間の電圧 V_{ab} は 0 である．

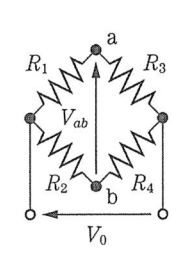

● 端子 a-b 間にどのような抵抗を接続しようと，その抵抗に電流は流れないので，回路の特性は変わらない（a-b 間の抵抗を取りのぞいても回路の性質は変わらない）

【例題 2.6】
右の回路で，検流計 G に電流が流れない条件を求めよ．

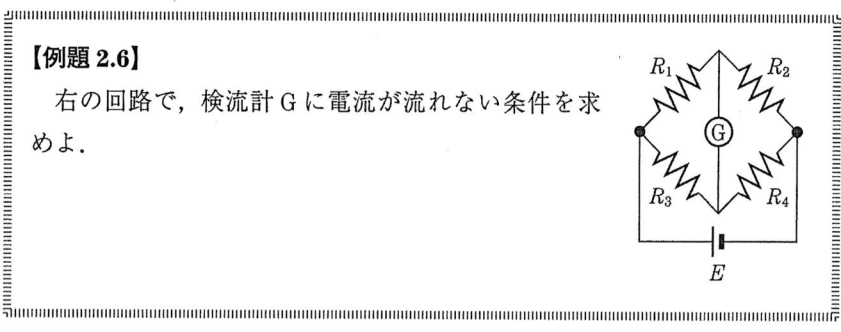

〈解答例〉
検流計の両端の電位が等しくなる条件が答である．すなわち，R_2 にかかる電圧 V_2 と R_4 にかかる電圧 V_4 とが等しければ，検流計 G には電流が流れない．

$$V_2 = \frac{R_2}{R_1+R_2} E$$

$$V_4 = \frac{R_4}{R_3+R_4} E$$

なので，$V_2 = V_4$ となる条件は

$$\frac{R_2}{R_1+R_2} = \frac{R_4}{R_3+R_4}$$

$$R_2(R_3+R_4) = R_4(R_1+R_2)$$

整理すると

$$R_1 R_4 = R_2 R_3$$

なお，当然のことだが，$V_1 = V_3$ より求めても同じ結果が得られる．

〈別解〉
回路方程式から求める方法もある．以下には，閉路電流法を用いて求める方法を示す．下図のように閉路電流 I_1, I_2, I_3 を定める．図より明らかに G に電流が流れない条件とは，$I_2 = I_3$ である．G を含む 2 つの閉路について方程式を立てると，

$$R_3(I_2-I_1)+R_1I_2=0$$
$$R_2I_3+R_4(I_3-I_1)=0$$

が得られる．方程式を整理すると

$$(R_1+R_3)I_2=R_3I_1$$
$$(R_2+R_4)I_3=R_4I_1$$

となり，両式より I_1 を消去すると，

$$\frac{R_1+R_3}{R_3}I_2=\frac{R_2+R_4}{R_4}I_3$$

I_2 と I_3 が等しいことから，$I_2/I_3=1$ となることを用いて変形すると

$$\frac{R_1+R_3}{R_3}\cdot\frac{R_4}{R_2+R_4}=1$$

整理すると，

$$(R_1+R_3)R_4=(R_2+R_4)R_3$$

となり，最終的に $R_1R_4=R_2R_3$ が得られる．

（2） 対称な構造の回路

電圧が印加されている方向に対称軸をもつ対称な回路においては，対称な点の電位は等しくなり，対称軸上の節点は，対称軸をはさんで切り離し可能である．

【例題 2.7】

右の回路において，端子 1-2 間の合成抵抗を求めよ．ただし，回路を構成する抵抗の大きさは全て r であるとする．

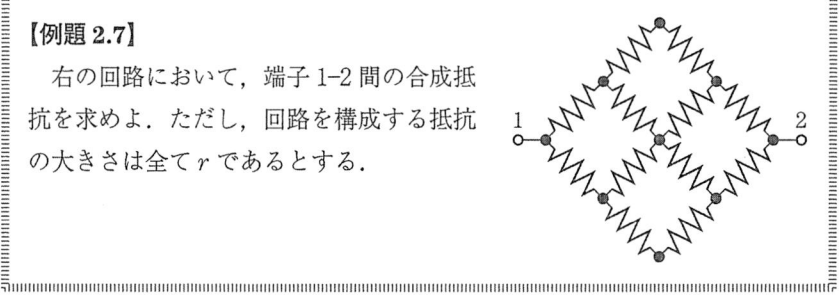

〈解答例〉

回路の対称性に着目すると回路の対称軸（次頁例図右破線）上にある節点 a は対称軸をはさんで切り離しても回路の働きに影響がない．その結果，下例図左の回路の合成抵抗を求めればよいので，

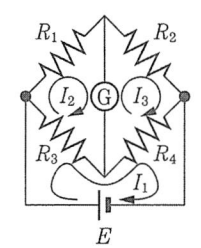

$$R = \frac{3r \cdot 3r}{3r + 3r} = \frac{3}{2}r$$

$$r' = \frac{2r \cdot 2r}{2r + 2r} = r$$

(3) 電圧源-電流源回路の変換

実際に使用されている電源には内部抵抗が含まれており，回路記号的には，電圧源回路は電圧源と抵抗を直列接続した形で，電流源回路は電流源と抵抗を並列接続した形で表される．このような電源回路では，電圧源回路を等価な電流源回路で置き換えたり，逆に電流源回路を電圧源回路で置き換えることができる．具体的には，下図の2つの電源回路はお互いに等価である．

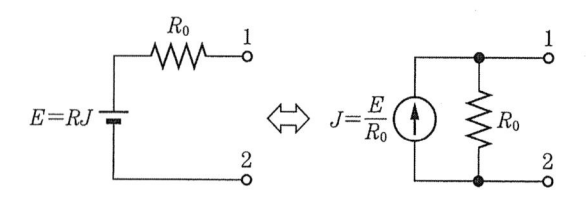

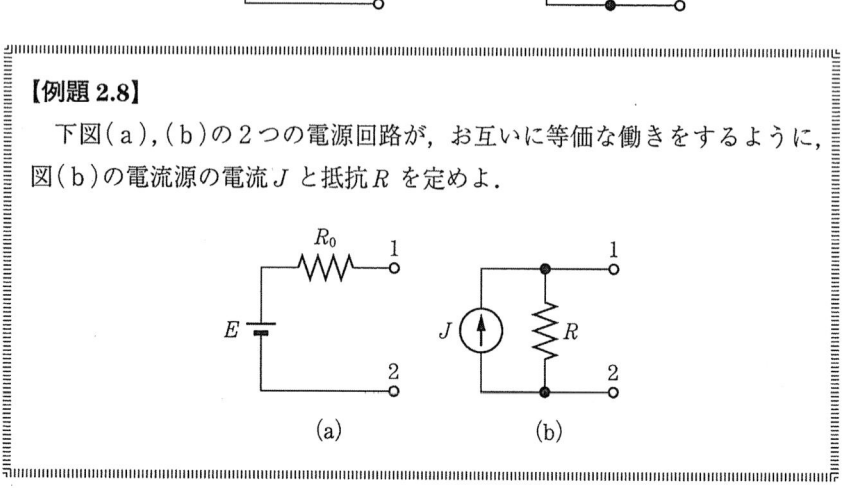

$E = RJ$, $J = \dfrac{E}{R_0}$

【例題 2.8】

下図(a), (b)の2つの電源回路が，お互いに等価な働きをするように，図(b)の電流源の電流 J と抵抗 R を定めよ．

〈解答例〉

　2つの電源回路が等価であるということは，両回路の出力端子 1-2 間に同じ抵抗 R_L を接続したとき，R_L の大きさに関わらず，R_L にかかる電圧 V_L と流れる電流 I_L が相等しくなるということである．オームの法則より，電流についての条件が成り立てば，電流に R_L をかけて得られる電圧についての条件は自動的に満たされるので，電流 I_L についてこの条件から方程式を立てると

$$\frac{E}{R_0+R_L} = \frac{RJ}{R+R_L}$$

この方程式は，R_L の大きさに関わらず成り立たねばならないので，R_L について整理して恒等式を立てると，

$$(E-R_0 J)R + (E-RJ)R_L = 0$$

すなわち，

$$E - R_0 J = 0 \quad および \quad E - RJ = 0$$

という条件式が得られる．両式より J と R を E と R_0 を用いて表すと，

$$J = E/R_0$$

$$R = E/J = R_0$$

となり，2つの電源回路が等価となる条件が得られる．

▨▨▨▨▨▨▨▨▨▨▨▨▨▨▨▨▨▨▨▨ 演 習 問 題 ▨▨▨▨▨▨▨▨▨▨▨▨▨▨▨▨▨▨▨▨

問 2.1　下図において，I_1, I_2, I_3, I_4, I_5 の値を求めよ．

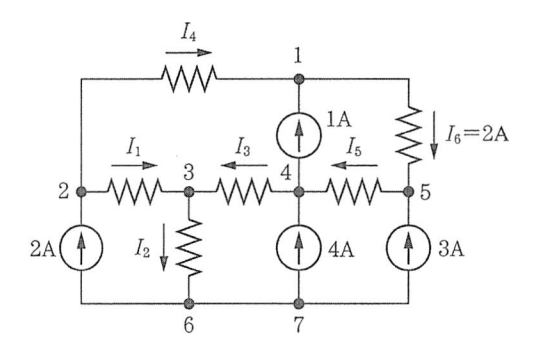

問 2.2　下図において，V_1, V_2, V_3, V_4, V_5 の値を求めよ．

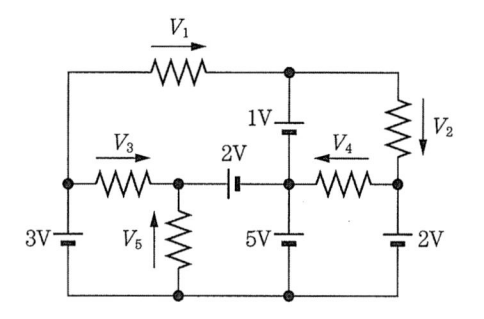

問 2.3 右の回路で，$E_1=6$ V，$E_2=3$ V，$R_1=10\,\Omega$，$R_2=6\,\Omega$，$R_3=5\,\Omega$，$R_4=2\,\Omega$，$I_1=0.2$ A，$I_2=0.5$ A，$I_4=1$ A のとき，電流 I_3 の値を求めよ．

問 2.4 下の回路で，電流 I_1 から I_{10} のうち，数値が不明なものの値を全て求めよ．

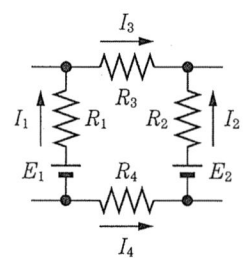

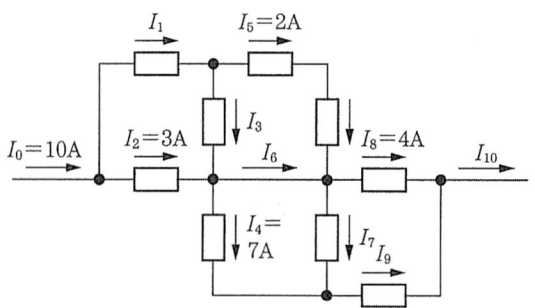

問 2.5 下の回路で，I, V_1, V_2, V_3 の値を求めよ．

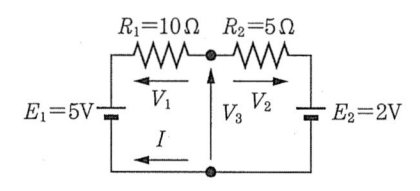

演習問題

問 2.6 右図において、端子 1-2 間に電圧 V を印加したとき、各抵抗に加わる電圧（分圧）を各々求めよ.

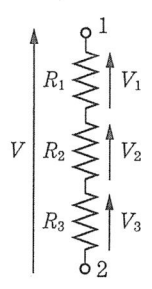

問 2.7 右図において、端子 1-2 間に電圧 I を流したとき、各抵抗に流れる電流（分流）を各々求めよ.

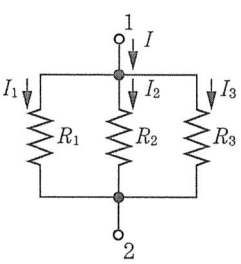

問 2.8 右の回路で、抵抗 R_1, R_2, R_3, R_4 に流れる電流 I_1, I_2, I_3, I_4 を求めよ. ただし、
$E_1 = 12\text{ V}$, $E_2 = 6\text{ V}$,
$R_1 = 6\,\Omega$, $R_2 = 2\,\Omega$,
$R_3 = 1\,\Omega$, $R_4 = 12\,\Omega$
とする.

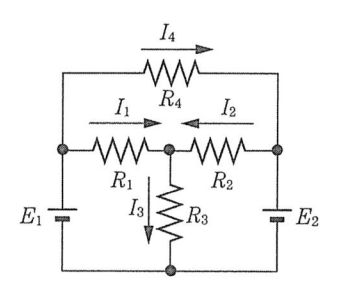

問 2.9 下図のように直流電圧源と抵抗を直列接続したものを、n 個並列に接続した回路において、端子 a-b 間の電圧 V の値を求めよ.

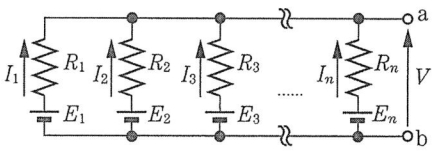

問 2.10 右の回路において、スイッチ S を閉じたときには $I = 8\text{ A}$, 開いたときには $I = 5\text{ A}$ であった. 抵抗 R_1 と R_2 の値を求めよ.

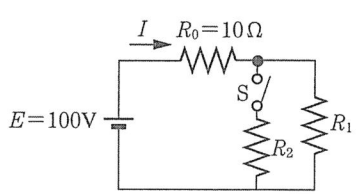

問 2.11 下図の(a)から(h)の各抵抗回路について,端子1-2間の合成抵抗 R の値を求めよ.

(a) $R_1=100\,\Omega$, $R_2=150\,\Omega$ (直列)

(b) $R_1=7\,\Omega$, $R_2=2\,\Omega$, $R_3=3\,\Omega$ (直列)

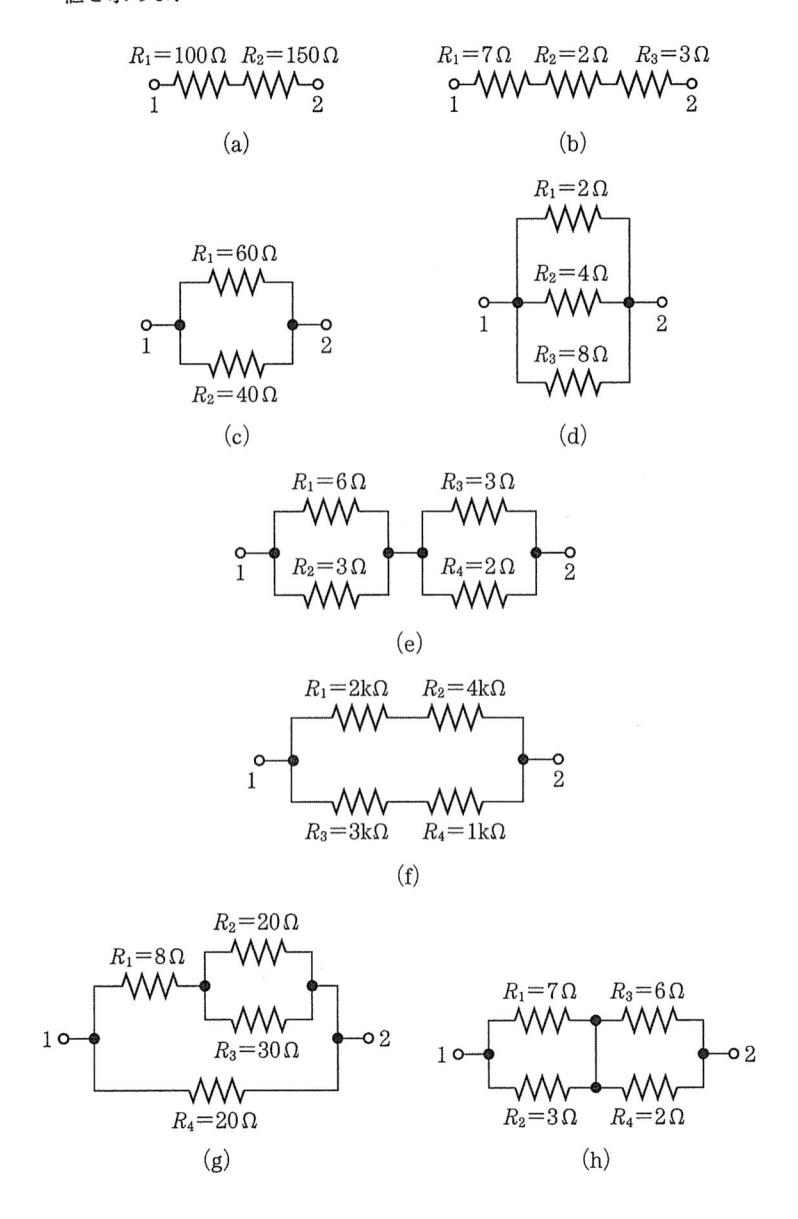

(c) $R_1=60\,\Omega$, $R_2=40\,\Omega$ (並列)

(d) $R_1=2\,\Omega$, $R_2=4\,\Omega$, $R_3=8\,\Omega$ (並列)

(e) $R_1=6\,\Omega$, $R_2=3\,\Omega$, $R_3=3\,\Omega$, $R_4=2\,\Omega$

(f) $R_1=2\,\mathrm{k\Omega}$, $R_2=4\,\mathrm{k\Omega}$, $R_3=3\,\mathrm{k\Omega}$, $R_4=1\,\mathrm{k\Omega}$

(g) $R_1=8\,\Omega$, $R_2=20\,\Omega$, $R_3=30\,\Omega$, $R_4=20\,\Omega$

(h) $R_1=7\,\Omega$, $R_2=3\,\Omega$, $R_3=6\,\Omega$, $R_4=2\,\Omega$

演習問題

問 2.12 右の回路で，端子 1-2 間の合成抵抗を求めよ．ただし，
$R_1 = R_4 = R_5 = r$
$R_2 = R_3 = 2r$
とする．

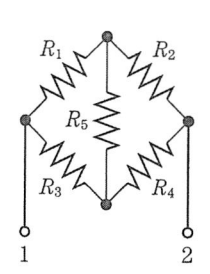

問 2.13 右の回路において，抵抗 $R_1 = 10\,\mathrm{k\Omega}$ のとき，
（1）抵抗 R_1 にかかる電圧 V_1 が入力電圧 V_0 の 1/10 となるような R_2 の値を求めよ．
（2）同様に 1/100 となるような R_2 の値を求めよ．

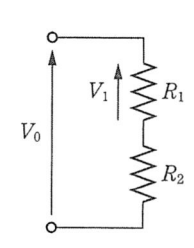

問 2.14 右の回路において，抵抗 $R_1 = 9\,\Omega$ のとき，
（1）抵抗 R_1 に流れる電流 I_1 が入力電流 I_0 の 1/10 となるような R_2 の値を求めよ．
（2）同様に 1/100 となるような R_2 の値を求めよ．

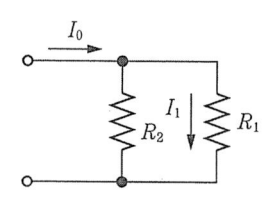

問 2.15 下図の（a）から（e）の抵抗回路について，

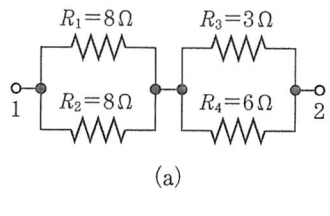

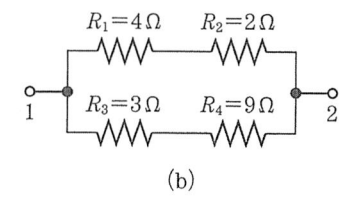

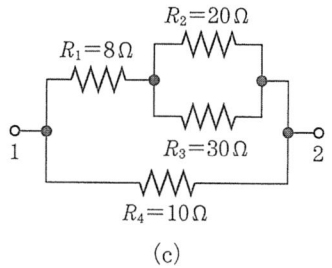

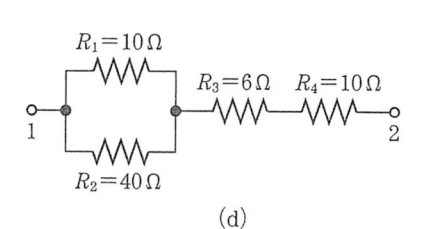

(a) $R_1 = 8\,\Omega$, $R_2 = 8\,\Omega$, $R_3 = 3\,\Omega$, $R_4 = 6\,\Omega$

(b) $R_1 = 4\,\Omega$, $R_2 = 2\,\Omega$, $R_3 = 3\,\Omega$, $R_4 = 9\,\Omega$

(c) $R_1 = 8\,\Omega$, $R_2 = 20\,\Omega$, $R_3 = 30\,\Omega$, $R_4 = 10\,\Omega$

(d) $R_1 = 10\,\Omega$, $R_2 = 40\,\Omega$, $R_3 = 6\,\Omega$, $R_4 = 10\,\Omega$

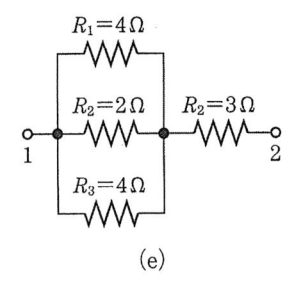

(e)

(1) 端子 1-2 間に，電圧 $V=12$ V を印加したとき，

(2) 端子 1-2 間に，電流 $I=6$ A を流したとき，

の各場合について，回路を構成する各抵抗の両端間に生じる電圧と各抵抗に流れる電流の値を全て求めよ．

問 2.16 右図の回路において，端子 1-2 間に電圧 $V_0=6$ V を印加したとき，端子 3-4 間に生じる電圧 V_{34} を求めよ．

ただし，

$R_1=1\,\Omega$, $R_2=5\,\Omega$,
$R_3=2\,\Omega$, $R_4=1\,\Omega$

とする．

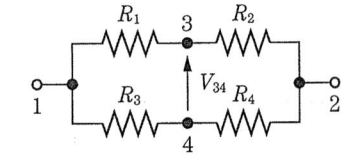

問 2.17 下図 (a), (b) の回路は，いずれも 2 種類の抵抗 R_1, R_2 が「はしご型」に接続された，右方向に無限に長い回路である．両回路の端子 1-2 間の合成抵抗 R を各々求めよ．

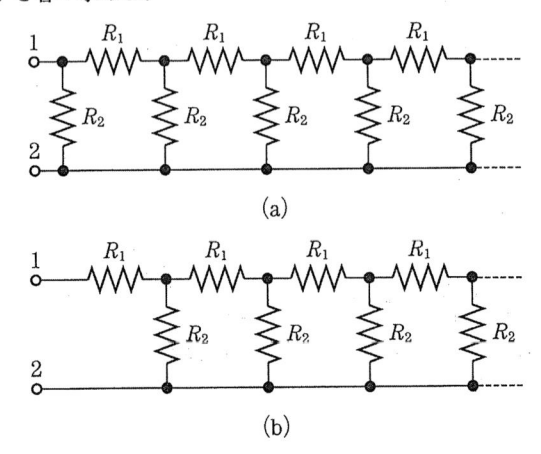

(a)

(b)

演 習 問 題

問 2.18 右の回路において，
$R_1=10\Omega$, $R_2=20\Omega$,
$R_3=30\Omega$
である．端子 1-2 間に電圧 V を加えたとき，R_5 に電流が流れないような R_4 の値を求めよ．

問 2.19 右の回路において，
$R_1=5\Omega$, $R_2=6\Omega$,
$R_3=3\Omega$
である．端子 1-2 間に電圧 V を加えたとき，R_5 に電流が流れないような R_4 の値を求めよ．

問 2.20 右の回路において，端子 1-2 間の合成抵抗を求めよ．

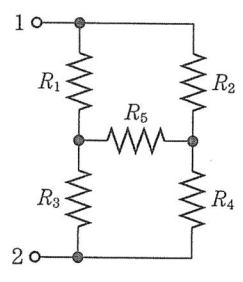

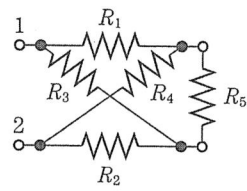

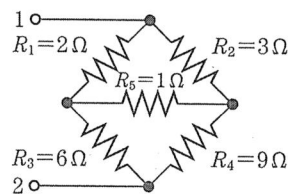

問 2.21 下の回路において，端子 1-2 間の合成抵抗を求めよ．

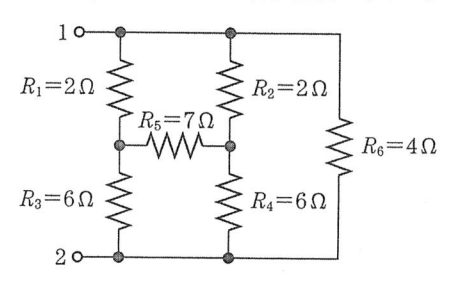

問 2.22 下の回路において，抵抗 R_2 に流れる電流 I_2 を求めよ．

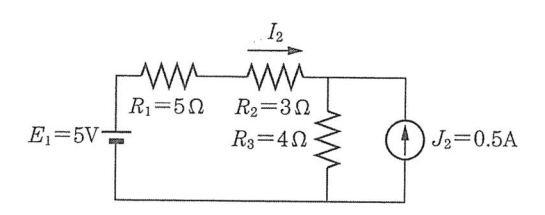

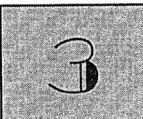

3 正弦波交流回路の計算法

交流回路でも，回路内での電圧・電流分布は，キルヒホッフの法則に従うので，考え方は直流回路と全く変わらない．しかし，交流では，電圧・電流が時間の関数なので，そのままでは計算にかかる労力が膨大なものとなってしまう．本章では，交流の中でも，特に正弦波交流回路について，計算を簡単化する手法を学ぶ．正弦波交流についての理解は，他の交流波形解析の基礎ともなる．なぜなら，どのような交流波形でも，フーリエ展開を用いることにより，いろいろな周波数の正弦波交流の重ね合わせとして表現できるからである．

3.1 正弦波交流のフェーザ表示

一般に，正弦関数は，**オイラーの公式**
$$e^{jx} = \cos x + j \sin x$$
を用いて，指数関数により表現することができる．ただし，ここで，j は虚数単位である（電気回路では，電流の表現とまぎらわしいので，虚数単位に i ではなく j を用いる）．たとえば，
$$i(t) = \sqrt{2} I_e \sin(\omega t + \theta)$$
なる正弦波交流電流は，
$$i(t) = \sqrt{2} I_e \operatorname{Im} e^{j(\omega t + \theta)}$$
と，指数関数の虚部を用いて表すことができる．さらに

　Im：常にその虚部をとると約束して省略
　$\sqrt{2}$：実効値を用いた表現における共通項として省略

することを約束するなら，
$$i(t) = \sqrt{2} I_e \sin(\omega t + \theta) \quad \Rightarrow \quad i(t) = I_e e^{j(\omega t + \theta)}$$
のように表現してもよい．指数関数を用いることの利点は多い．第一に，

3.1 正弦波交流のフェーザ表示

$$\frac{d}{dt}Ae^{j\omega t}=j\omega Ae^{j\omega t}, \qquad \int Ae^{j\omega t}dt=\frac{A}{j\omega}e^{j\omega t}$$

と，時間に関して微分・積分を行っても，関数の基本形は指数関数のままである．第二に，

$$e^{j(\omega t+\theta)}=e^{j\omega t}e^{j\theta}$$

と，正弦関数の引数部分を，時間依存の項と位相角の項に分けることができる．

ところで，電気回路内のどこの部分でも，交流の周波数は同一である．したがって，正弦波交流回路で計算しなければならないのは，実効値と位相角のみとなる．そこで，正弦波交流をこの2つのパラメータだけを用いて表す**フェーザ表示**が用いられている．フェーザ表示にはいくつか表記上の流儀があり，

$$i(t)=\sqrt{2}I_e \sin(\omega t+\theta) \quad \rightarrow \quad \dot{I}=I_e e^{j\theta}, \ I=|I|e^{j\theta} \qquad ①$$
$$\rightarrow \quad \dot{I}=I_e \angle \theta \qquad ②$$

などがあげられる．各々利点があるが，本書では，オイラーの公式と対応が良い①の形式を主に用いる．

また，①の形式で表されたフェーザを，オイラーの公式を改めて用い，

$$V=V_e e^{j\theta}=V_e \cos\theta + jV_e \sin\theta$$
$$=V_r+jV_i$$

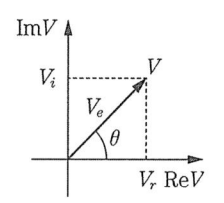

のように複素数の形にすることもできる．このような表現を**複素数表示**と呼んでフェーザ表示と区別する場合もある．フェーザ表示の要素の V_e, θ と複素数表示の要素の V_r, V_i の関係は，右図のように複素平面上に表すと理解しやすい．フェーザは複素平面上のベクトルとして扱うことができ，複素数表示の要素はそのベクトルの先端の座標にあたる．

【例題 3.1】

右の回路で，電流 $i(t)$ が

$$i(t)=\sqrt{2}I_e \sin(\omega t)$$

と表されるとき，1-2間の電圧 $v_{RL}(t)$ を求め，フェーザ表示および複素数表示で表せ．

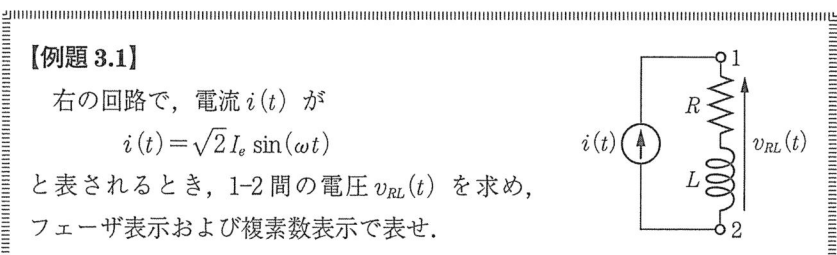

⟨解答例⟩

R と L の各々の両端に生じる電圧 $v_R(t)$ と $v_L(t)$ は,

$$v_R(t) = Ri(t) = \sqrt{2}\,RI_e \sin(\omega t)$$

$$v_L(t) = L\frac{d}{dt}i(t) = \sqrt{2}\,LI_e\frac{d}{dt}\sin(\omega t) = \sqrt{2}\,\omega LI_e \cos(\omega t)$$

と表されるので, フェーザ表示に直すと,

$$v_R(t) = \sqrt{2}\,RI_e \sin(\omega t) \qquad \Rightarrow \quad V_R = RI_e e^{j0}$$

$$v_L(t) = \sqrt{2}\,\omega LI_e \cos(\omega t) = \sqrt{2}\,\omega LI_e \sin(\omega t + \pi/2) \quad \Rightarrow \quad V_L = \omega LI_e e^{j\pi/2}$$

となる. これらを複素平面上にベクトル的に図示し

$$V_{RL} = V_R + V_L$$

のように両者のベクトル和をとると, 右図の関係が得られる. この図より幾何的に

$$|V_{RL}| = \sqrt{(RI_e)^2 + (\omega LI_e)^2} = \sqrt{R^2 + \omega^2 L^2}\,I_e$$

$$\phi = \tan^{-1}\left(\frac{\omega LI_e}{RI_e}\right) = \tan^{-1}(\omega L/R)$$

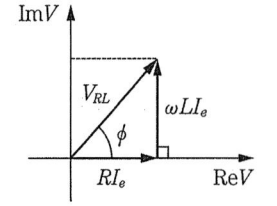

と求められ, フェーザ表示の実効値と位相角が得られる. 複素数表示についても図より

実部：$\mathrm{Re}\,V_{RL} = RI_e$

虚部：$\mathrm{Im}\,V_{RL} = \omega LI_e$

となることがわかり, まとめて表示すると,

$$V_{RL} = RI_e + j\omega LI_e$$

である.

⟨別解⟩

計算がやや大変であるが, もちろん三角関数の計算を行うことによっても答を得ることができる. 先に求めた通り

$$v_R(t) = \sqrt{2}\,RI_e \sin(\omega t)$$

$$v_L(t) = \sqrt{2}\,\omega LI_e \cos(\omega t)$$

なので, キルヒホッフの電圧則より,

$$v_{RL}(t) = v_R(t) + v_L(t)$$
$$= \sqrt{2}\,I_e[R\sin(\omega t) + \omega L\cos(\omega t)]$$

が，得られる．ここで，三角関数公式

$$A\sin\alpha + B\cos\alpha = \sqrt{A^2+B^2}\sin\left(\alpha+\tan^{-1}\frac{B}{A}\right)$$

を用い，$\alpha=\omega t$，$A=R$，$B=\omega L$ として $v_R(t)$ を整理すると，

$$v_{RL}(t) = \sqrt{2}\,I_e\sqrt{R^2+\omega^2L^2}\sin\left(\omega t+\tan^{-1}\frac{\omega L}{R}\right)$$

よって，$v_{RL}(t)$ をフェーザ表示すると，

$$V_{RL} = |V_{RL}|e^{j\phi}$$

ただし，$|V_{RL}| = \sqrt{R^2+\omega^2L^2}\,I_e$

$$\phi = \tan^{-1}\frac{\omega L}{R}$$

次に複素数表示は，三角関数公式

$$\sin[\tan^{-1}(B/A)] = B/\sqrt{A^2+B^2}, \qquad \cos[\tan^{-1}(B/A)] = A/\sqrt{A^2+B^2}$$

を用いると，

$$\begin{aligned}V_{RL} &= |V_{RL}|\cos\phi + j|V_{RL}|\sin\phi \\ &= \sqrt{R^2+\omega^2L^2}\,I_e\cos\left(\tan^{-1}\frac{\omega L}{R}\right) + j\sqrt{R^2+\omega^2L^2}\,I_e\sin\left(\tan^{-1}\frac{\omega L}{R}\right) \\ &= \sqrt{R^2+\omega^2L^2}\,I_e\frac{R}{\sqrt{R^2+\omega^2L^2}} + j\sqrt{R^2+\omega^2L^2}\,I_e\frac{\omega L}{\sqrt{R^2+\omega^2L^2}} \\ &= RI_e + j\omega LI_e\end{aligned}$$

と同じ答が得られる．

3.2 インピーダンスとアドミタンス

フェーザ表示もしくは複素数表示された正弦波交流については，コイルやコンデンサについてもオームの法則的な表現が可能となる．つまり，右図において，$V=V_e e^{j\theta_v}$，$I=I_e e^{j\theta_i}$ とすると，素子が抵抗，コイル，コンデンサのいずれであっても，電圧 V，電流 I の間には，

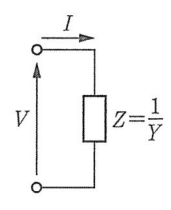

$$V = ZI \quad \text{あるいは} \quad I = YV$$

のような，線形の関係が成り立つ．ここで，比例係数 Z をインピーダンス，Y

をアドミタンスと呼ぶ．インピーダンス，アドミタンスの単位は，各々抵抗，コンダクタンスの単位と同じで，Ω，S を用いる．各素子のインピーダンスとアドミタンスを下記の表にまとめる．

素子	インピーダンス Z	アドミタンス Y
R	R	$\dfrac{1}{R}$
L	$j\omega L$	$\dfrac{1}{j\omega L} = -j\dfrac{1}{\omega L}$
C	$\dfrac{1}{j\omega C} = -j\dfrac{1}{\omega C}$	$j\omega C$

交流回路の最も簡単な計算手法は，
- 電流 I，電圧 V → フェーザ表示 か 複素数表示
- 回路素子 → インピーダンス，アドミタンス

に変換し，抵抗のみからなる直流回路と同様の手法で計算するというものである．

【例題 3.2】
$R\,[\Omega]$ の抵抗，$L\,[\mathrm{H}]$ のコイル，$C\,[\mathrm{F}]$ のコンデンサのインピーダンスが，上の表のようになることを証明せよ．

〈解答例〉
インピーダンスの定義は，素子の電流と電圧が各々 $I = I_e e^{j\theta}$，$V = V_e e^{j\phi}$ のとき，
$$V = ZI$$
となるような Z である．電流の瞬時値は，I を用いて
$$i(t) = \sqrt{2}\,I_e \sin(\omega t + \theta) = \mathrm{Im}\,\sqrt{2}\,I_e e^{j(\omega t + \theta)} = \mathrm{Im}\,\sqrt{2}\,I e^{j\omega t}$$
と書けるので，各素子の定義式に代入すると，
$$R : v(t) = Ri(t) = \mathrm{Im}\,\sqrt{2}\,RI e^{j\omega t}$$
$$L : v(t) = L\frac{d}{dt}i(t) = L\frac{d}{dt}\mathrm{Im}\,\sqrt{2}\,I e^{j\omega t} = \mathrm{Im}\,\sqrt{2}\,j\omega L I e^{j\omega t}$$

3.2 インピーダンスとアドミタンス

$$C : v(t) = \frac{1}{C}\int i(t)dt = \frac{1}{C}\int \mathrm{Im}\,\sqrt{2}\,Ie^{j\omega t}dt = \mathrm{Im}\,\sqrt{2}\,\frac{1}{j\omega C}Ie^{j\omega t}$$

となる．各々，$\mathrm{Im}, \sqrt{2}, e^{j\omega t}$ をはずして V, I の関係で表すと

$V = Ri$

$V = j\omega L i$

$V = \dfrac{1}{j\omega C}I$

が得られ，各々のインピーダンスは

$R : R$

$L : j\omega L$

$C : \dfrac{1}{j\omega C}$

と求まる．

【例題 3.3】
右の回路で，1-2 間の電圧 V_{RL} および R, L 各々の両端の電圧 V_R, V_L を，インピーダンスの考え方を用いて求め，複素数表示で表せ．ただし，
$$I = I_e e^{j0}$$
とする．

〈解答例〉

まず，電流源からの電流 I を複素数表示で表すと，

$I = I_e e^{j0} = I_e \cos 0 + j I_e \sin 0 = I_e$

V_R, V_L をインピーダンスの考え方を用いて複素数表示で表すと，$V = ZI$ なので，

$V_R = R I_e$

$V_L = j\omega L I_e$

また，キルヒホッフの電圧則より，

$V_{RL} = V_R + V_L = R I_e + j\omega L I_e = (R + j\omega L) I_e$

が得られる．なお，V_{RL} については，まず L と R の合成インピーダンス Z が，
$$Z = R + j\omega L$$
と求められることを用い，
$$V_{RL} = ZI_e = (R + j\omega L)I_e$$
として求めてもよい．

3.3 正弦波交流回路の計算公式

以上述べてきた通り，正弦波交流回路の計算はフェーザ表示や複素数表示を用いることにより，複素数計算が中心となる．そこで，計算に必要な公式を以下にまとめておく．

(1) フェーザ表示と複素数表示

フェーザ表示 $V = V_e e^{j\theta}$ と複素数表示 $V = V_r + jV_i$ の間の相互の変換は，

- フェーザ表示 → 複素数表示

$$V_r = V_e \cos\theta, \qquad V_i = V_e \sin\theta$$

- 複素数表示 → フェーザ表示

$$V_e = \sqrt{V_r^2 + V_i^2}, \qquad \theta = \tan^{-1}(V_i/V_r) \qquad (V_r > 0)$$
$$\theta = \tan^{-1}(V_i/V_r) + \pi \qquad (V_r < 0)$$

ただし，$V_r < 0$ の場合について，位相は $-\pi \leq \theta \leq \pi$ の範囲でとるのが一般的なので，この範囲をこえた時は $\theta = \tan^{-1}(V_i/V_r) - \pi$ で計算する．

(2) 極表示

インピーダンス，アドミタンスのフェーザ的表現を極表示ということがある．
$$Z = Z_r + jZ_i = |Z|e^{j\theta}$$
$$\text{ただし，} \quad |Z| = \sqrt{Z_r^2 + Z_i^2}, \quad \theta = \tan^{-1}(Z_i/Z_r)$$

(3) 四則演算

$A = A_r + jA_i = A_e e^{j\theta_A}$，$B = B_r + jB_i = B_e e^{j\theta_B}$ について，

$$A \pm B = (A_r \pm B_r) + j(A_i \pm B_i)$$
$$A \cdot B = (A_r B_r - A_i B_i) + j(A_r B_i + A_i B_r) = A_e B_e e^{j(\theta_A + \theta_B)}$$
$$\frac{A}{B} = \frac{(A_r B_r + A_i B_i) + j(A_i B_r - A_r B_i)}{B_r^2 + B_i^2} = \frac{A_e}{B_e} e^{j(\theta_A - \theta_B)}$$

$$\frac{1}{A} = \frac{A_r - jA_i}{A_r^2 + A_i^2} = \frac{1}{A_e} e^{j(-\theta_A)}$$

3.4 正弦波交流回路の周波数特性

コイルやコンデンサのインピーダンスやアドミタンスは，角周波数 ω の関数であるので，これらを含む回路の特性は周波数により変化する．この節では，周波数特性を利用した回路の例についてまとめる．

（1） *RLC* 直列共振回路

右図のような抵抗 R，コイル L，コンデンサ C の直列回路に流れる電流は

$$I = \frac{V}{R + j\left(\omega L - \dfrac{1}{\omega C}\right)}$$

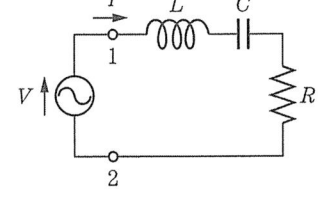

$$= \sqrt{\frac{C}{L}} \cdot \frac{V}{(1/Q) + j[(\omega/\omega_0) - (\omega_0/\omega)]}$$

となり，下図に示すように，特定の周波数帯で特に大きくなる．このような回路を共振回路といい，たとえばラジオの選局などに用いられている．上の式で，

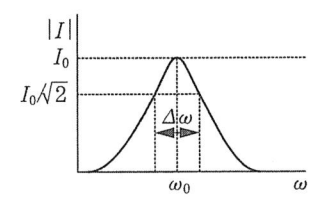

$$\omega_0 = 1/\sqrt{LC}$$

を**共振角周波数** [rad/s] といい，電流が最大となる角周波数である．また，

$$Q = \omega_0 L / R$$

を ***Q* 値**といい，高いほど共振が鋭くなる．これに関連したパラメータで，

$$\Delta\omega / \omega_0 = 1/Q$$

を**比帯域幅**といい，共振角周波数で正規化された共振の幅（$\Delta\omega$）を表す．また，$\Delta\omega$ は，**半値全幅**といい，上図で示すように，最大値の $1/\sqrt{2}$ となる 2 つの ω の間隔をさす．

【例題 3.4】

下の回路において，端子 1-2 間に
$$v(t) = \sqrt{2}\, V_0 \sin(\omega t)$$
の正弦波交流電圧が印加されている．以下の設問に答えよ．

(1) この回路に流れる電流 $i(t)$ の実効値 I_e と位相角 θ を求めよ．

(2) 実効値 I_e が最大となる ω を求めよ．

(3) 実効値 I_e が最大値の $1/\sqrt{2}$ となる ω を計算し，比帯域幅を求めよ．

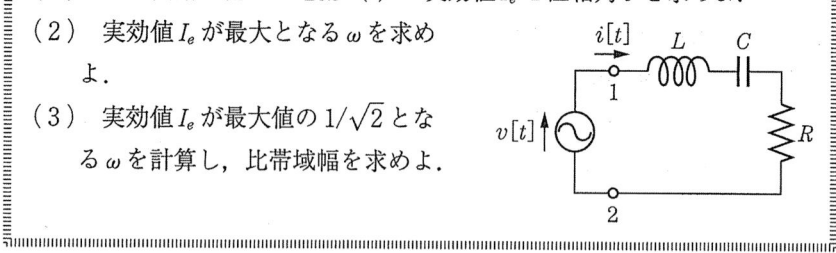

〈解答例〉

(1) $v(t)$ をフェーザで表すと
$$V = V_0 e^{j0} = V_0$$
である．端子 1-2 間の合成インピーダンス Z は
$$Z = j\omega L + \frac{1}{j\omega C} + R = R + j\left(\omega L - \frac{1}{\omega C}\right)$$
となるので，実部と虚部を各々 $Z_r = R$，$Z_i = \omega L - \dfrac{1}{\omega C}$ とおくと，電流 $i(t)$ のフェーザ I は，
$$I = \frac{V}{Z} = \frac{V_0}{Z_r + jZ_i} = \frac{(Z_r - jZ_i)V_0}{Z_r^2 + Z_i^2} = \frac{V_0}{\sqrt{Z_r^2 + Z_i^2}}\, e^{-j \tan^{-1}\left(\frac{Z_i}{Z_r}\right)}$$

よって，

実効値 $I_e = \dfrac{V_0}{\sqrt{Z_r^2 + Z_i^2}} = \dfrac{V_0}{\sqrt{R^2 + \left(\omega L - \dfrac{1}{\omega C}\right)^2}}$

位相角 $\theta = -\tan^{-1}\left(\dfrac{Z_i}{Z_r}\right) = -\tan^{-1}\left(\dfrac{\omega L - \dfrac{1}{\omega C}}{R}\right)^2$

(2) 前問の結果より,分母が最小であれば実効値は最大となる.R が周波数によらず一定値であることを考慮すると,電流の実効値が最大となる条件は,

$$\omega L - \frac{1}{\omega C} = 0$$

である.よって,実効値が最大となる角周波数を ω_0 とおくと

$$\omega_0 = \frac{1}{\sqrt{LC}}$$

(3) $\omega = \omega_0$ のとき,実効値 I_e は最大値 $I_0 = V_0/R$ となる.この値の $1/\sqrt{2}$ となる ω を計算するための方程式は,

$$\frac{V_0}{\sqrt{R^2 + \left(\omega L - \frac{1}{\omega C}\right)^2}} = \frac{V_0}{\sqrt{2} R}$$

で,さらに整理すると,

$$\left(\omega^2 + \frac{R}{L}\omega - \frac{1}{LC}\right)\left(\omega^2 - \frac{R}{L}\omega - \frac{1}{LC}\right) = 0$$

4次方程式なので4つの解が得られるが,$\omega > 0$ なので負となる解を除き,

$$\begin{cases} \omega_1 = \sqrt{\left(\frac{R}{2L}\right)^2 + \frac{1}{LC}} - \frac{R}{2L} \\ \omega_2 = \sqrt{\left(\frac{R}{2L}\right)^2 + \frac{1}{LC}} + \frac{R}{2L} \end{cases}$$

が,電流 $i(t)$ の実効値が最大値の $1/\sqrt{2}$ となる ω となる.半値全幅 $\Delta\omega$ は,

$$\Delta\omega = \omega_2 - \omega_1 = \frac{R}{L}$$

となるので,比帯域幅は,

$$\frac{\Delta\omega}{\omega_0} = \frac{R}{\omega_0 L} = \frac{1}{Q}$$

（2） フィルタ回路

特定の周波数域を選択的に通過もしくは阻止する回路をフィルタという．フィルタが透過もしくは阻止できる周波数を表すのが遮断周波数f_cで，その物理的な意味は，「出力が最大値の$1/\sqrt{2}$となる周波数」である．遮断周波数f_cより遮断角周波数は，$\omega_c=2\pi f_c$と計算される．遮断周波数より低い周波数を通過させるフィルタを低域通過フィルタ，高い周波数を通過させるフィルタを高域通過フィルタという．下図にそれらの角周波数特性の概形と，回路構成の一例を示す．

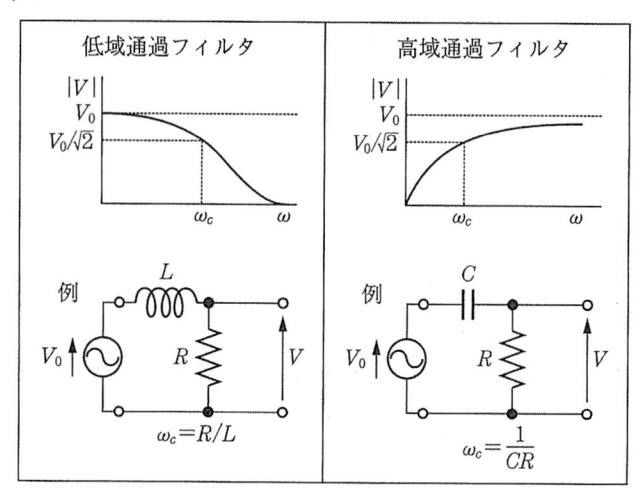

低域通過フィルタ

例： $\omega_c = R/L$

高域通過フィルタ

例： $\omega_c = \dfrac{1}{CR}$

【例題 3.5】

右図(a), (b)のフィルタ回路において，遮断角周波数が，各々
$$\omega_c = R/L$$
$$\omega_c = \dfrac{1}{CR}$$
と表されることを示せ．

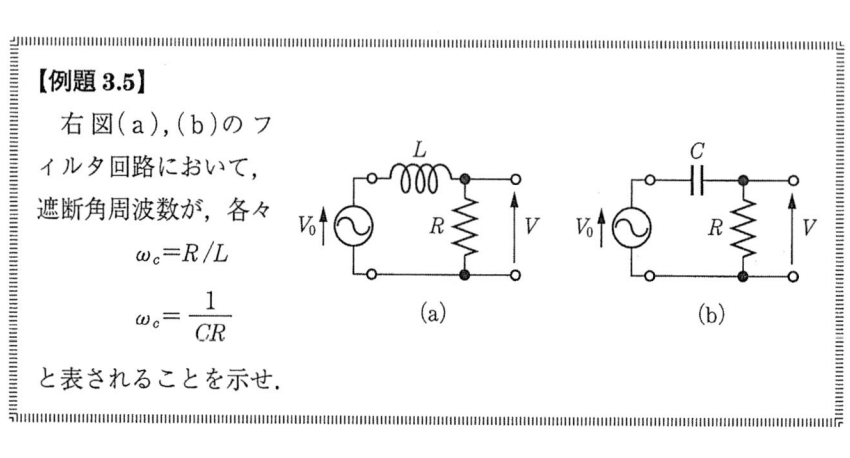

3.4 正弦波交流回路の周波数特性

〈解答例〉

(a) まず，抵抗 R の端子間電圧 V を求めると，

$$V = \frac{R}{R + j\omega L} V_0$$

実効値を求めると

$$|V| = \frac{R|V_0|}{\sqrt{R^2 + \omega^2 L^2}}$$

この式より明らかに，実効値が

　　最大になるのは $\omega = 0$ のときで $|V| = |V_0|$

　　最小になるのは $\omega \to \infty$ のときで $|V| = 0$ （参考まで）

である．遮断角周波数の定義は，実効値が最大値の $1/\sqrt{2}$ となる ω なので，

$$\frac{R}{\sqrt{R^2 + \omega_c^2 L^2}} = \frac{1}{\sqrt{2}}$$

なる方程式を解けばよい．辺々2乗して書き直すと

$$\omega_c^2 L^2 - R^2 = 0$$

角周波数は必ず正の値になることに注意すると

$$\omega_c = R/L$$

が得られる．

(b) 抵抗 R の端子間電圧 V は，

$$V = \frac{R}{R + \dfrac{1}{j\omega C}} V_0 = \frac{j\omega CR}{1 + j\omega CR} V_0$$

実効値を求めると

$$|V| = \frac{\omega CR|V_0|}{\sqrt{1 + \omega^2 C^2 R^2}} = \frac{CR|V_0|}{\sqrt{\dfrac{1}{\omega^2} + C^2 R^2}}$$

この式より明らかに，実効値が

　　最大になるのは $\omega \to \infty$ のときで $|V| = |V_0|$

　　最小になるのは $\omega = 0$ のときで $|V| = 0$ （参考まで）

である．これより前問と同様に遮断角周波数の定義より，方程式

$$\frac{\omega_c CR}{\sqrt{1+\omega_c^2 C^2 R^2}} = \frac{1}{\sqrt{2}}$$

を解けばよい．辺々2乗して書き直すと

$1-\omega_c^2 C^2 R^2 = 0$

角周波数は必ず正の値になることに注意すると

$$\omega_c = \frac{1}{CR}$$

と求められる．

演習問題

問 3.1 以下の式で瞬時値が表される正弦波交流をフェーザ表示と複素数表示で表せ．
(1) $v(t) = 10 \sin(150t + \pi/4)$ [V]
(2) $i(t) = 7 \sin(1800t - \pi/6)$ [A]
(3) $v(t) = \sqrt{2}\, 6 \sin(50\pi t + \pi/3)$ [V]
(4) $i(t) = \sqrt{2}\, 10 \sin(250\pi t - \pi/2)$ [A]
(5) $v(t) = \sqrt{2}\, 100 \sin(100\pi t)$ [V]

問 3.2 以下の複素数表示の正弦波交流を瞬時値で表せ．ただし，交流の角周波数は全て $\omega = 100\pi$ [rad/s] とする．
(1) $V = 3\sqrt{3} + j3$ [V]
(2) $V = 2 - j2$ [V]
(3) $V = -5 + j5\sqrt{3}$ [V]
(4) $V = -5 - j5$ [V]
(5) $V = 2$ [V]
(6) $V = -10$ [V]
(7) $V = -j3$ [V]
(8) $V = j6$ [V]

問 3.3 以下の複素数表示の正弦波交流電圧を，フェーザ表示に直せ．ただし，I_e は正弦波交流電流の実効値であるとする．

$V_R = RI_e$

$V_L = j\omega L I_e$

$V_{RL} = (R + j\omega L)I_e$

問 3.4 下の回路で,1-2 間の合成インピーダンスを求めよ.ただし,$Z_1 = 3+j1$ [Ω], $Z_2 = 2-j4$ [Ω], $Z_3 = 4+j2$ [Ω] とする.

(a)　　　　　　　　　(b)

(c)　　　　　　　　　(d)

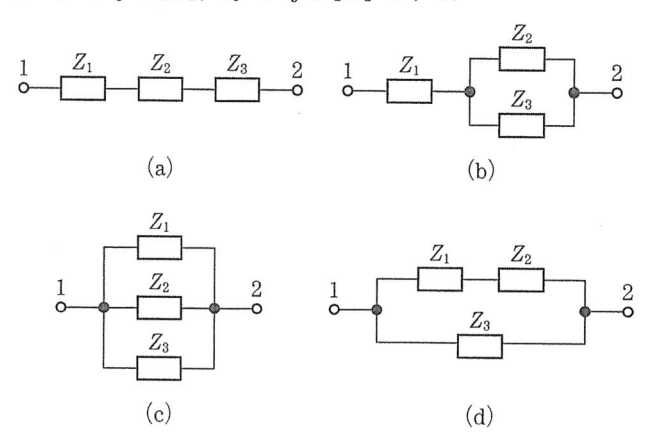

問 3.5 下の回路で,1-2 間の合成インピーダンスを求めよ.ただし,角周波数は ω とする.

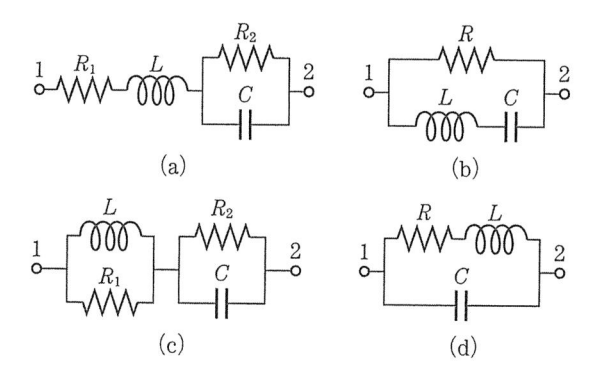

(a)　　　　　　　　　(b)

(c)　　　　　　　　　(d)

問 3.6 下の回路で,1-2 間の合成アドミタンスを求めよ.ただし,角周波数は ω とする.

(a)   (b)

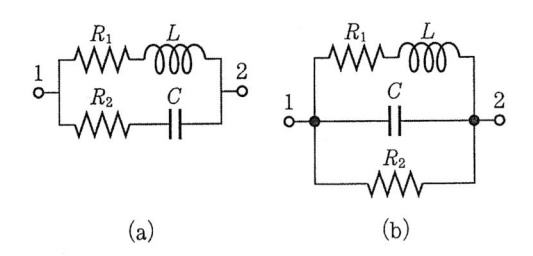

問 3.7 以下に与えられる値のインピーダンス Z の両端に $E_0 = 12\,e^{j0}$ [V] の電圧を印加したとき，回路に流れる電流の実効値 I_e と位相角 ϕ の値を求めよ．

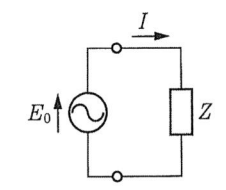

(a) $Z = 2\sqrt{3} - j\,2$ [Ω]
(b) $Z = 1 + j\,\sqrt{3}$ [Ω]
(c) $Z = 2 - j\,2$ [Ω]
(d) $Z = 3 + j\,4$ [Ω]
(e) $Z = j\,6$ [Ω]
(f) $Z = -j\,4$ [Ω]

問 3.8 下図の回路において，回路に流れる電流，および各素子の両端の電圧について，その実効値と位相角を各々求めよ．ただし，入力電圧は，

$$E = E_e e^{j\phi} \quad [\text{V}]$$

であり，電源の角周波数は ω であるとする．

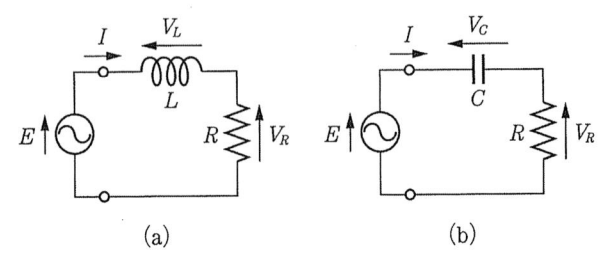

(a)   (b)

問 3.9 右の図の節点 a で，

$I_1 = 4\,e^{j0}$ [A]
$I_2 = 10\,e^{j\pi/3}$ [A]
$I_3 = 4\,e^{-j\pi/3}$ [A]

のとき I_4 を求め，その実効値と位相角を示せ．

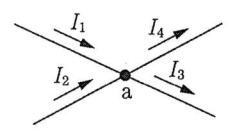

演習問題

問 3.10 右図の閉路で V を求め，フェーザ表示で表せ．ただし，
$V_1 = 10\,e^{j0}$ [V]
$V_2 = 7\,e^{j0}$ [V]
$I_1 = 1\,e^{j\pi/4}$ [A]
$I_2 = 2\,e^{j\pi/6}$ [A]
$Z_1 = 2\,e^{-j\pi/4}$ [Ω]
$Z_2 = 5\,e^{j\pi/6}$ [Ω]
とする．

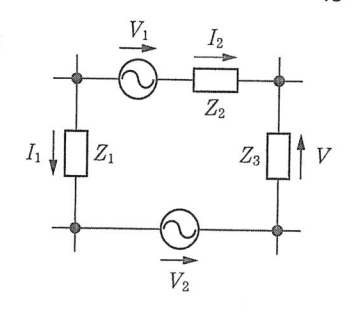

問 3.11 右の回路において，1–2 間の電圧 V_{12} と 2–3 間の電圧 V_{23} の実効値が等しいとき，以下の問に答えよ．ただし，
$V_0 = 100$ V
$R = 50\,\Omega$
$L = 0.25$ H
であり，電源の角周波数 $\omega = 100\sqrt{3}$ [rad/s] とする．
（1）抵抗 r の値を求めよ．
（2）V_{12} と V_{23} の実効値と位相角を求めよ．

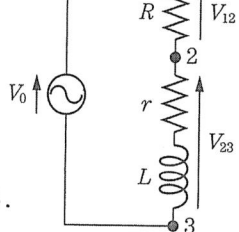

問 3.12 右の回路において，電源 E は実効値 3 V の正弦波交流電源である．可変抵抗 R を $0\,\Omega$ としたとき，回路に流れる電流 I の実効値は，0.15 A であった．I の実効値を 0.12 A とするには，可変抵抗 R をどのような値にすればよいか．

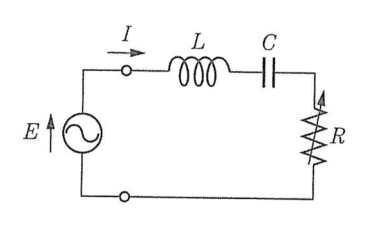

問 3.13 右の回路において，
$Z_1 = 3 - j\,4$ [Ω]
$Z_2 = 6 + j\,2$ [Ω]
$Z_3 = 6 - j\,2$ [Ω]
であるとき，検流計 G に電流が流れないような Z_4 の値を求めよ．

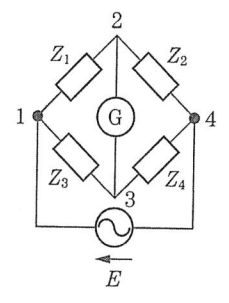

問 3.14 右の回路において,検流計 G に電流が流れないように L と C の値を定めよ.ただし,

$R_1 = 9\,\Omega$
$R_2 = 5\,\Omega$
$R_3 = 5\,\Omega$
$R_4 = 1\,\Omega$

であり,電源の角周波数は $\omega = 1 \times 10^5$ [rad/s] であるとする.

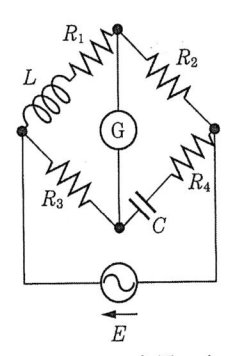

問 3.15 下の 2 つの回路が等価となるような R_3, R_4, L_2 を求め,R_1, R_2, L_1 を用いた式で表せ.

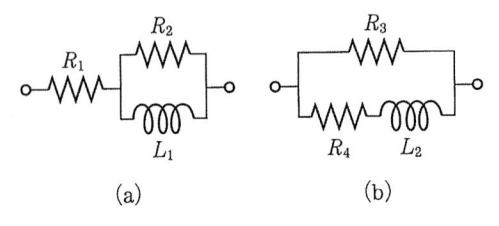

(a)　　　(b)

問 3.16 右の回路で,各素子の値が以下のようであるとき,共振角周波数 ω_0,共振周波数 f_0,Q,比帯域幅 $\Delta f/f_0$,回路に流れる電流の実効値の最大値 I_M を各々求めよ.ただし,入力電圧は周波数によらず $V = 10\,\text{V}$ であるものとする.

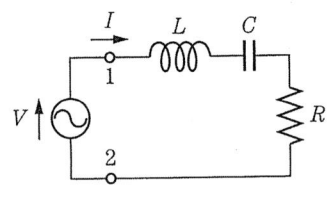

(1) $L = 1\,\text{mH}$,$C = 10\,\text{pF}$,$R = 5\,\Omega$
(2) $L = 0.3\,\text{H}$,$C = 120\,\text{pF}$,$R = 10\,\Omega$
(3) $L = 20\,\text{mH}$,$C = 8\,\mu\text{F}$,$R = 2\,\Omega$
(4) $L = 5\,\text{mH}$,$C = 200\,\text{pF}$,$R = 1\,\Omega$

問 3.17 右の回路において,回路に共振周波数の正弦波交流電圧

$$v(t) = \sqrt{2}\,V_0 \sin(\omega t)$$

を印加したとき,回路に流れる電流と L, C, R 各素子の両端の電圧の瞬時値を表す式を求めよ.ただし,V_0 は周波数によらず $6\,\text{V}$ であり,$L = 0.5\,\text{mH}$,C

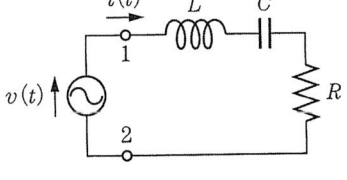

$=20\,\mathrm{pF}$, $R=10\,\Omega$ とする.

問 3.18 インダクタンス L が $0.1\,\mathrm{mH}$ のコイルを用いて,共振周波数 f_0 が $1.5\,\mathrm{MHz}$,Q が 100 の RLC 直列共振回路を作るには,どのような値のコンデンサ C と抵抗 R を用いればよいか.

問 3.19 右の回路において,端子 1-2 間の電圧 V の実効値を求め,その周波数特性のおおよその様子を図示せよ.

問 3.20 右図のフィルタ回路において,出力電圧 V の実効値の周波数特性の概形を示し,遮断周波数を求めよ.

問 3.21 右図のフィルタ回路において,出力電圧 V の実効値の周波数特性の概形を示し,遮断周波数を求めよ.

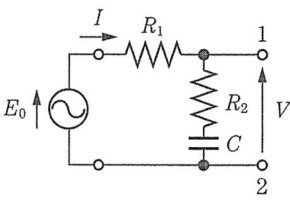

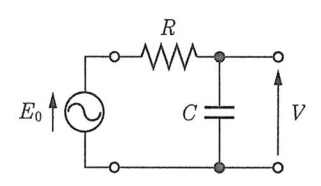

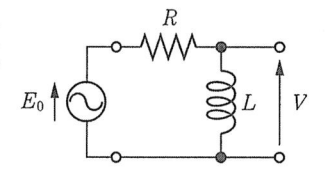

4 電 力

電力は，電気回路において単位時間当たりに消費されるエネルギーであり，実際に回路を働かせるときの効率を考える上で，避けて通れない重要な問題である．ただし，電力の計算自体は，回路内の電圧と電流がわかっているなら，計算式が簡単なので，あまり困難なことはない．本章は，直流・交流各々の電力計算に習熟することを目的としている．

4.1 電力と電力量

電気回路において，回路素子が単位時間（1 s）当たりに受け取るエネルギーを**電力** P と呼ぶ．電力の単位はW（ワット）であり，1 W＝1 J/sの関係がある．また，素子が受け取ったエネルギーの総量を**電力量** W と呼ぶ．電力量の単位は，基本となるのはWs（ワット秒）であるが，実用上は，Wh（ワット時）を用いることが多い．1 Wh＝3600 Wsである．電力の供給が，時間によらず一定のとき，電力が供給された時間を T とすると

$$W = PT$$

である．

4.2 直流の電力

直流回路において，抵抗 R [Ω] の両端の電圧を V [V]，流れる電流を I [A] とすると，R で**消費される電力** P は，

$$P = VI \quad [\text{W}]$$

である．オームの法則を用いると，抵抗 R を用いて

$$P = RI^2 = V^2/R \quad [\text{W}]$$

と計算される．

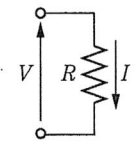

4.3 正弦波交流の電力

正弦波交流回路において，あるインピーダンス Z の両端に流れる電圧と電流が，各々

$$v(t)=\sqrt{2}\,V_e \sin(\omega t+\theta_V)\ [\mathrm{V}]\ \text{すなわち}\ V=V_e e^{j\theta_V}=V_r+jV_i$$
$$i(t)=\sqrt{2}\,I_e \sin(\omega t+\theta_I)\ [\mathrm{A}]\ \ \text{すなわち}\ I=I_e e^{j\theta_I}=I_r+jI_i$$

のとき，インピーダンスによって消費される電力を**有効電力**と呼び，直流の電力と同様に P で表し，単位も同様に [W] を用いる．有効電力は，Z の抵抗成分により消費される電力を表し，

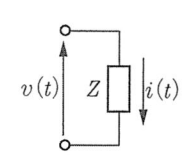

$$P=P_a\cos\theta=V_r I_r+V_i I_i\ \ [\mathrm{W}]$$

により計算される．ただし，ここで

$P_a=V_e I_e$ [VA]（ボルトアンペア）：**皮相電力**

$\cos\theta=\cos(\theta_V-\theta_I)$：**力率**

である．力率が1のとき，インピーダンスに供給された電力は，そのままインピーダンスで消費される．それ以外の場合には，インピーダンスから電源に送り返される成分が存在し，それを無効電力 P_r と呼ぶ．**無効電力**は，

$$P_r=-P_a\sin\theta=V_r I_i-V_i I_r\ \ [\mathrm{var}]\ （バール）$$

により計算される．なお，無効電力の符号については，逆の定義もある．

有効電力と無効電力を統一的に扱うため，複素電力 P_C が定義されている．

$$P_C=\overline{V}I=P+jP_r$$

ここで，$\overline{V}$ は V の複素共役を表している．なお，無効電力の符号の定義が逆の場合は，複素電力の定義として $P_C=V\overline{I}$ を用いる．

【例題 4.1】

右の回路において，$E_0 = 10\,\text{V}$，$R_1 = 5\,\Omega$，$R_2 = 10\,\Omega$ である．最初スイッチ S_1, S_2 はともに開かれており，S_1 を閉じてから1時間後に S_2 を閉じ，S_2 を閉じてから2時間後に S_1 を再び開いた．この間に，回路全体で消費された電力量を求めよ．

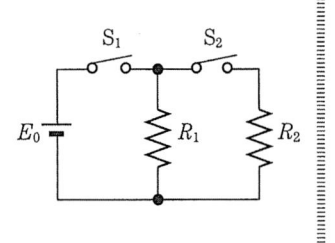

〈解答例〉

S_1 を閉じてから1時間後に S_2 を閉じるまでは，電力は全て R_1 で消費されている．その間の電力 P_1 は，

$$P_1 = \frac{E_0^2}{R_1} = \frac{10^2}{5} = 20 \quad [\text{W}]$$

であり，この間に消費される電力量 W_1 は，

$$W_1 = P_1 T_1 = 20 \cdot 1 = 20 \quad [\text{Wh}]$$

次に，S_2 を閉じてから2時間後に S_1 を再び開くまでの間は，電力は R_1 と R_2 に消費される．この時回路で消費される電力 P_2 と，電力量 W_1 は，各々

$$P_2 = \frac{E_0^2}{\dfrac{R_1 R_2}{R_1 + R_2}} = \frac{10^2}{\dfrac{5 \cdot 10}{5 + 10}} = \frac{1500}{50} = 30 \quad [\text{W}]$$

$$W_2 = P_2 T_2 = 30 \cdot 2 = 60 \quad [\text{Wh}]$$

したがって，この回路で消費される全電力量は，

$$W = W_1 + W_2 = 20 + 60 = 80 \quad [\text{Wh}]$$

〈別解〉

S_2 を閉じても R_1 にかかる電圧は E_0 のまま変わらないことから

$$W = \frac{E_0^2}{R_1}(T_1 + T_2) + \frac{E_0^2}{R_2} T_2 = \frac{10^2}{5} \cdot (1+2) + \frac{10^2}{10} \cdot 2$$

$$= 60 + 20 = 80 \quad [\text{Wh}]$$

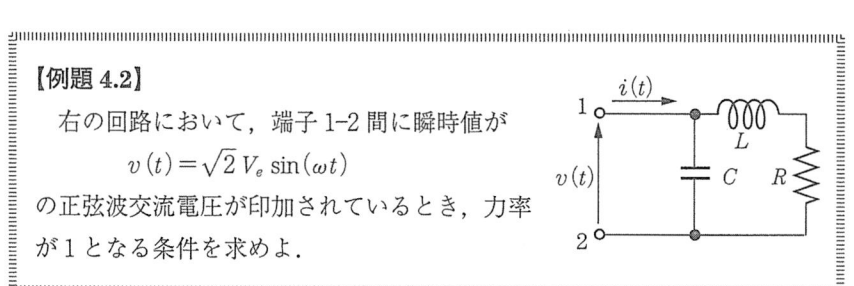

【例題 4.2】
右の回路において，端子 1-2 間に瞬時値が
$$v(t) = \sqrt{2}\,V_e \sin(\omega t)$$
の正弦波交流電圧が印加されているとき，力率が 1 となる条件を求めよ．

〈解答例〉
この回路の合成アドミタンス Y を，
$$Y = Y_r + jY_i$$
とおくと，流れる電流 $i(t)$ は
$$i(t) = \sqrt{2}\,V_e \sqrt{Y_r^2 + Y_i^2}\,\sin[\omega t + \tan^{-1}(Y_i/Y_r)]$$
となる．力率が 1 なので，
$$\cos[-\tan^{-1}(Y_i/Y_r)] = 1$$
すなわち，
$$Y_i = 0$$
であればよい．与えられた回路の合成アドミタンスは，
$$Y = j\omega C + \frac{1}{R + j\omega L} = \frac{R}{R^2 + (\omega L)^2} + j\omega\left(C - \frac{L}{R^2 + (\omega L)^2}\right)$$
なので，その虚部が 0 となるのは，
$$C = \frac{L}{R^2 + (\omega L)^2}$$
のときである．

演習問題

問 4.1 電圧 100 V，電力 60 W の白熱灯がある．この白熱灯の抵抗を求めよ．また，この白熱灯を 50 V の電源につないだとき，白熱灯に流れる電流と，消費される電力を求めよ．

問 4.2 電圧 100 V の電圧源に，抵抗 50 Ω の電熱器をつないでお湯をわかす場合と

抵抗 100 Ω の電熱器をつないでお湯をわかす場合では，どちらの方が早くお湯がわくか．

問 4.3 下の 4 つの回路において，$E_0=12$ V, $R_1=6$ Ω, $R_2=3$ Ω, $R_3=3$ Ω である．各々の回路において，抵抗 R_3 で消費される電力を求めよ．

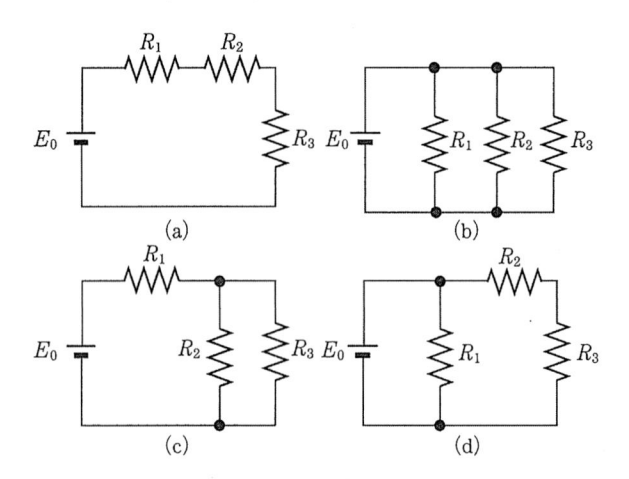

(a) (b) (c) (d)

問 4.4 電圧 100 V，電力 50 W の白熱灯に流れる電流を求めよ．また，この白熱灯の抵抗値を求めよ．

問 4.5 正弦波交流回路において，負荷の両端の瞬時電圧 $v(t)$ [V]，瞬時電流 $i(t)$ [A] が以下のように与えられているとき，負荷の有効電力 P，皮相電力 P_a，力率 $\cos\theta$ を求めよ．

(1) $v(t)=100\sin(\omega t+\pi/4)$ $i(t)=5\sin(\omega t+\pi/2)$
(2) $v(t)=50\sin(\omega t)$ $i(t)=5\sin(\omega t-\pi/6)$
(3) $v(t)=1000\sin(\omega t+\pi/6)$ $i(t)=20\sin(\omega t-\pi/3)$

問 4.6 正弦波交流回路において，負荷の両端の電圧と電流が，複素数表示を用いて以下のように与えられているとき，負荷の皮相電力 P_a，力率 $\cos\theta$，有効電力 P を求めよ．

(1) $V=5\sqrt{3}+j5$ [V] $I=\sqrt{3}-j1$ [A]
(2) $V=10+j10$ [V] $I=2+j2$ [A]
(3) $V=10+j10$ [V] $I=5-j5$ [A]

問 4.7 下の (a), (b) の各回路において，端子 1-1′ 間に周波数 $f=50$ Hz で，瞬時値が

$v(t) = \sqrt{2} \cdot 100 \sin(\omega t)$
の交流電圧を印加する．端子間に流れる電流 $i(t)$ と，抵抗に消費される電力 P および力率 $\cos\theta$ を求めよ．

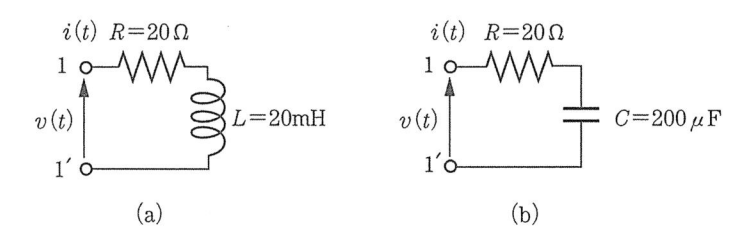

(a) $i(t)$ $R=20\,\Omega$ $L=20\text{mH}$

(b) $i(t)$ $R=20\,\Omega$ $C=200\,\mu\text{F}$

5 変成器（変圧器）回路

変成器（変圧器）は，2つのコイルの間にはたらく相互誘導を用いた素子で，理想的には電力の消費なしに，回路の電圧を変化させることができるので，電気回路において重要な素子の1つである．本章では，変成器を用いた回路の取り扱い方法について学ぶ．

5.1 変成器の基本式と等価回路

変成器（変圧器）は，2つのコイルを電磁的に結合させたものであり，入力側のコイルを1次コイル，出力側のコイルを2次コイルと呼ぶ．1次，2次コイルの自己インダクタンス L_1, L_2，2つのコイルの間の相互インダクタンス M の3つのパラメータによって，特性が記述される．なお，これらの単位は，コイル単体のときのインダクタンスと同じで，いずれも H である．

2つのコイルの巻き方によって，2次側に生じる誘導起電力の向きが異なり，これらを差動結合，和動結合と呼んで区別している．回路記号上は，下図のように表記される．

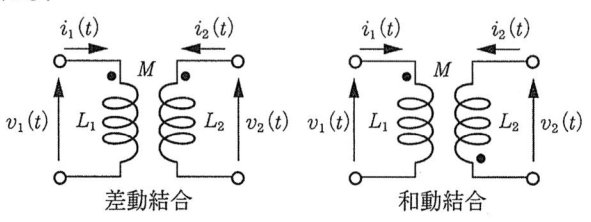

差動結合　　　　和動結合

この図のように，変成器の入出力電圧・電流の向きを定義すると，これらの間には，以下の関係が成り立つ．

$$v_1(t) = L_1 \frac{di_1(t)}{dt} \pm M \frac{di_2(t)}{dt}$$

5.1 変成器の基本式と等価回路

$$v_2(t) = \pm M \frac{di_1(t)}{dt} + L_2 \frac{di_2(t)}{dt}$$

ただし，複号（±）は，上は差動結合，下は和動結合の場合に対応している．これら2つの式を，**変成器（変圧器）の基本式**と呼ぶ．変成器の原理は，電磁誘導に基づくもので，それ自体大変興味深いのだが，電気回路では上の基本式を利用することができれば十分であるので，ここでは原理についてはふれない．なお，正弦波交流回路においては，上の基本式は，電圧・電流をフェーザ（もしくは複素数）表示を用いて，$v(t), i(t) \to V, I$ とおくと

$V_1 = j\omega L_1 I_1 \pm j\omega M I_2$

$V_2 = \pm j\omega M I_1 + j\omega L_2 I_2$

のように書くことができる．

また，変成器は，下のようなT型回路を用いた等価回路で置き換えることができる．この等価回路は，複雑な回路の問題を考えるとき，便利である．

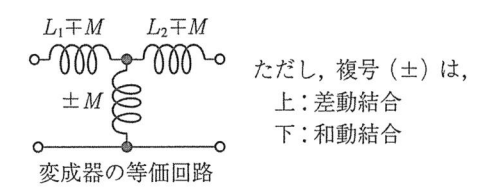

ただし，複号（±）は，
上：差動結合
下：和動結合

変成器の等価回路

【例題 5.1】

下図(a)，(b)の2つの回路が等価であることを示せ．

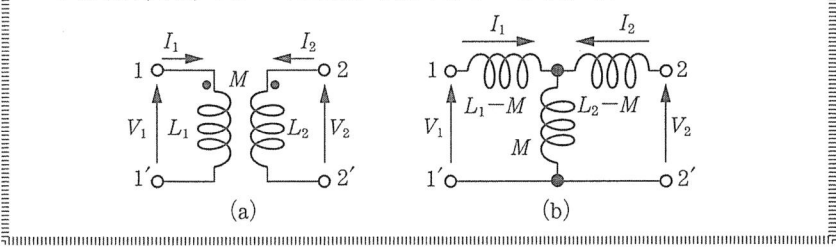

(a)　　　　(b)

〈解答例〉

(b)の回路について回路方程式を立てると，インダクタンスが M のコイルに流れる電流が $I_1 + I_2$ になることから

$$V_1 = j\omega(L_1-M)I_1 + j\omega M(I_1+I_2) = j\omega L_1 I_1 + j\omega M I_2$$
$$V_2 = j\omega(L_2-M)I_2 + j\omega M(I_1+I_2) = j\omega M I_1 + j\omega L_2 I_2$$

となる．これは(a)の変成器の基本式と同一であり，両回路は等価であることがわかる．

〈別解〉

端子間を開放としたとき，端子1-1′間，2-2′間，1-2間のインピーダンスがお互いに等しければ2つの回路は等価となる．まず(b)の回路について，

1-1′間 $Z_1 = j\omega(L_1-M) + j\omega M = j\omega L_1$

2-2′間 $Z_2 = j\omega(L_2-M) + j\omega M = j\omega L_2$

1-2間 $Z_3 = j\omega(L_1-M) + j\omega(L_2-M) = j\omega(L_1+L_2-2M)$

一方，(a)の回路については，変成器の基本式より，

1-1′間 $Z_1 = \left.\dfrac{V_1}{I_1}\right|_{I_2=0} = \dfrac{j\omega L_1 I_1}{I_1} = j\omega L_1$

2-2′間 $Z_2 = \left.\dfrac{V_2}{I_2}\right|_{I_1=0} = \dfrac{j\omega L_2 I_2}{I_2} = j\omega L_2$

1-2間 $Z_3 = \left.\dfrac{V_1-V_2}{I}\right|_{I=I_1=-I_2} = \dfrac{j\omega L_1 I_1 + j\omega M I_2 - (j\omega M I_1 + j\omega L_2 I_2)}{I}$

$= \dfrac{j\omega L_1 I + j\omega M(-I) - [j\omega M I + j\omega L_2(-I)]}{I}$

$= j\omega(L_1+L_2-2M)$

よって，2つの回路は等価である．

5.2 密結合変成器と理想変成器

2つのコイルの中心に鉄心等を通して，磁束の漏れがない（というより無視できるほど小さい）変成器を作製することができる．このような変成器を**密結合変成器**という．密結合変成器では，自己インダクタンスと相互インダクタンスの間に

$L_1 L_2 = M^2$

の関係が成り立つ．

また，密結合変成器で，L_1 が無限大のものを**理想変成器**と呼ぶ．理想変成

器では，特性は，インダクタンスではなく，1次・2次コイル間の巻数の比である巻線比 n のみによって表すことができる．そこで，回路記号も右のようなものを用い，基本式は

$$v_1(t) = v_2(t)/n$$
$$i_1(t) = -ni_2(t)$$

によって表される．

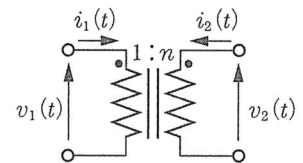

【例題 5.2】
右図において，端子 1-1' 間に実効値が V_e の正弦波交流電圧 $v(t)$ を印加したとき，抵抗 R に流れる電流の実効値を求めよ．

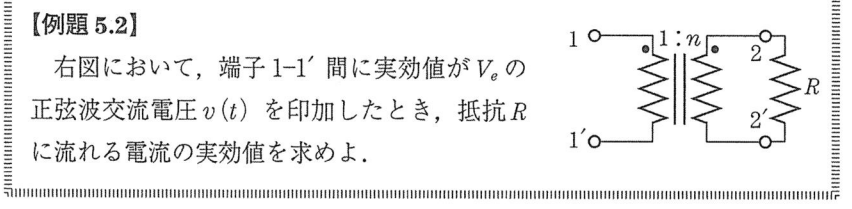

〈解答例〉

理想変成器の基本式より

$$v_2(t) = nv_1(t)$$

なので，2-2' 間に生じる電圧の実効値は nV_e である．オームの法則より，抵抗 R に流れる電流の実効値は，

$$I_2 = \frac{nV_e}{R}$$

となる．なお，電流の流れる向きは端子 2 から 2' に向かう方向となる．

演習問題

問 5.1 下図 (a)，(b) の 2 つの回路が等価になるように，Z_1, Z_2, Z_3 を定めよ．

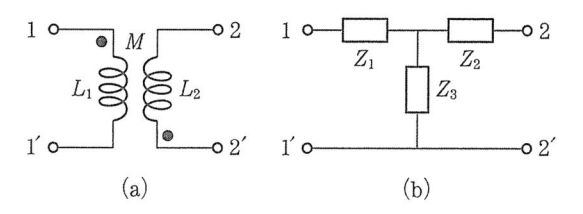

問 5.2 左図の回路において，正弦波交流電源の電圧の実効値が E で，変成器について，

$$L_1 L_2 - M^2 = 0$$

が成り立つとき，V_2, I_1, I_2 の実効値を求めよ．

問 5.3 右の回路において

$V_1 = 10\,\text{V}$, $L_1 = 0.02\,\text{H}$
$L_2 = 0.01\,\text{H}$, $M = 0.01\,\text{H}$

かつ，電源の角周波数 ω を $250\,\text{rad/s}$ とする．電流 I_1, I_2 を求めよ．

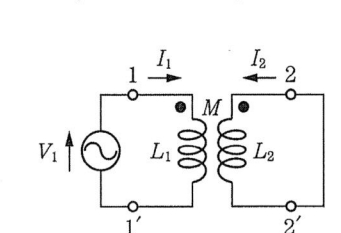

問 5.4 下の2つの回路について，$v_1(t) = \sqrt{2} E_0 \sin(\omega t)$ であるとき，$i_1(t)$, $v_2(t)$ を求めよ．

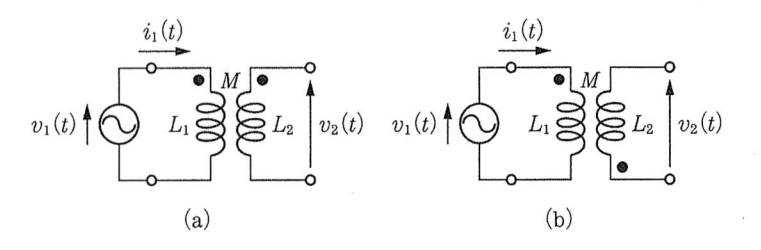

(a)　　　　　　　　(b)

問 5.5 右の変成器において，全ての端子は開放状態にあるものとする．このとき，

(1) 端子 1-1' 間のインダクタンス
(2) 端子 2-2' 間のインダクタンス
(3) 端子 1-2 間のインダクタンス

を各々求めよ．

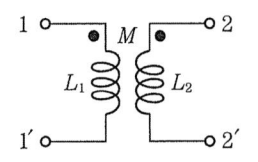

問 5.6 下の回路について,端子 1–1′ 間のインピーダンスを求めよ.

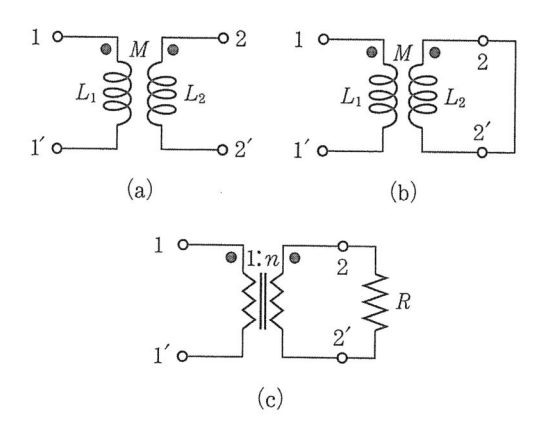

(a)   (b)

(c)

問 5.7 下の 2 つの回路各々について,等価な自己インダクタンスを,L_1, L_2, M を用いて表せ.

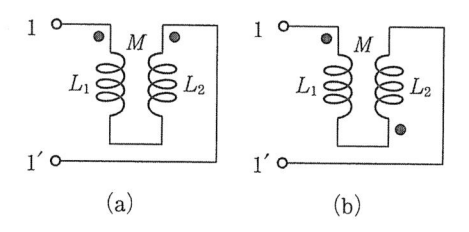

(a)   (b)

6 四端子回路

四端子回路（二端子対網）とは，右図に示すように入力側端子対 1-1′ と，出力側端子対 2-2′ の 2 つの端子対を持つ回路網である．この回路網の入力側電圧 V_1 と電流 I_1，出力側電圧 V_2 と電流 I_2 の 4 つの量の間に成り立つ関係を示すことができるなら，回路網がどんなに複雑な構造であっても，その性質は完全に記述され，回路網をブラックボックス化することができる．このために用いられるのが，四端子回路の行列表示であり，本章では，その手法と応用について学ぶ．

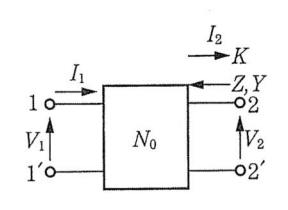

6.1 種々の四端子行列

二端子対網の行列表示には，V_1, I_1, V_2, I_2 の組み合わせ方によって，いくつかの種類があるが，電気回路学において，重要なのは，**インピーダンス行列**（Z 行列），**アドミタンス行列**（Y 行列），**縦続行列**（K 行列，あるいは F 行列とも）の 3 つである．

（1）Z 行列　$\begin{bmatrix} V_1 \\ V_2 \end{bmatrix} = Z \begin{bmatrix} I_1 \\ I_2 \end{bmatrix} = \begin{bmatrix} z_{11} & z_{12} \\ z_{21} & z_{22} \end{bmatrix} \begin{bmatrix} I_1 \\ I_2 \end{bmatrix}$,

（2）Y 行列　$\begin{bmatrix} I_1 \\ I_2 \end{bmatrix} = Y \begin{bmatrix} V_1 \\ V_2 \end{bmatrix} = \begin{bmatrix} y_{11} & y_{12} \\ y_{21} & y_{22} \end{bmatrix} \begin{bmatrix} V_1 \\ V_2 \end{bmatrix}$,

（3）K 行列　$\begin{bmatrix} V_1 \\ I_1 \end{bmatrix} = K \begin{bmatrix} V_2 \\ I_2 \end{bmatrix} = \begin{bmatrix} A & B \\ C & D \end{bmatrix} \begin{bmatrix} V_2 \\ I_2 \end{bmatrix}$.

これらのうち，K 行列は，上図で示したように，I_2 の向きが Z 行列，Y 行列とは逆に，端子 2 において電流が回路網から流れ出す方向が正に定義されているので，注意を要する．また，Z 行列と Y 行列とは，お互いに逆行列の関係

6.1 種々の四端子行列

にあり，以下の式が成り立つ．

$$Y = Z^{-1}, \qquad Z = Y^{-1}$$

四端子回路の各行列の要素を求める方法には，以下の2つの方法がある．
 (1) 回路方程式より求める方法．
 (2) 行列要素の定義により求める方法．

前者は，まず回路方程式を立てて，それを行列表示したとき，上に示した各行列の定義式の形になるように整理していく方法である．回路網の構造が簡単なときには，有効な解法である．後者は，各行列要素が，

Z 行列　　$z_{11} = \dfrac{V_1}{I_1}\bigg|_{I_2=0}$, $z_{22} = \dfrac{V_2}{I_2}\bigg|_{I_1=0}$, $z_{12} = \dfrac{V_1}{I_2}\bigg|_{I_1=0}$, $z_{21} = \dfrac{V_2}{I_1}\bigg|_{I_2=0}$

Y 行列　　$y_{11} = \dfrac{I_1}{V_1}\bigg|_{V_2=0}$, $y_{22} = \dfrac{I_2}{V_2}\bigg|_{V_1=0}$, $y_{12} = \dfrac{I_1}{V_2}\bigg|_{V_1=0}$, $y_{21} = \dfrac{I_2}{V_1}\bigg|_{V_2=0}$

K 行列　　$A = \dfrac{V_1}{V_2}\bigg|_{I_2=0}$, $B = \dfrac{V_1}{I_2}\bigg|_{V_2=0}$, $C = \dfrac{I_1}{V_2}\bigg|_{I_2=0}$, $D = \dfrac{I_1}{I_2}\bigg|_{V_2=0}$

と表されることを用いて計算を行う方法である．ここで，たとえば

$$\dfrac{V_1}{I_1}\bigg|_{I_2=0}$$

は，$I_2=0$，すなわち，端子2-2′間が開放の状態の電流・電圧を用いて V_1/I_1 の計算を行うことを意味している．これらの式は，各行列要素の物理的な意味を表している．つまり，各行列要素は，入出力端子のどちらか一方を開放もしくは短絡した状態の，各端子の電流・電圧の関係を表している．

なお，行列の要素は，各行列とも4つあるが，

　　Z 行列においては，$z_{12} = z_{21}$
　　Y 行列においては，$y_{12} = y_{21}$
　　K 行列においては，$AD - BC = 1$，すなわち，$|K| = 1$

の関係があるので，実際には3つの要素がわかればよい．また，二端子対網の回路構成によっては，一部の行列が定義できない場合もあり得る．

最後に，覚えておくと便利な行列を表にまとめておいた．これらの導出は，本書の例題もしくは演習問題の一部となっているので，これらの解答を参照するとよい．

覚えておくと便利な基本的四端子回路の行列

Z_0 (直列)	$K=\begin{bmatrix} 1 & Z_0 \\ 0 & 1 \end{bmatrix}$	M, L_1, L_2 (相互インダクタンス)	$K=\begin{bmatrix} L_1/M & j\omega\Delta/M \\ 1/(j\omega M) & L_2/M \end{bmatrix}$, $\Delta=L_1L_2-M^2$
Z_0 (並列)	$K=\begin{bmatrix} 1 & 0 \\ 1/Z_0 & 1 \end{bmatrix}$	$1:n$ (理想変圧器)	$K=\begin{bmatrix} 1/n & 0 \\ 0 & n \end{bmatrix}$
Z_1, Z_2, Z_3 (T形)	$Z=\begin{bmatrix} Z_1+Z_3 & Z_3 \\ Z_3 & Z_2+Z_3 \end{bmatrix}$	Z_1, Z_2 (独立)	$Z=\begin{bmatrix} Z_1 & 0 \\ 0 & Z_2 \end{bmatrix}$
Y_{12}, Y_{13}, Y_{23}	$Y=\begin{bmatrix} Y_{13}+Y_{12} & -Y_{12} \\ -Y_{12} & Y_{23}+Y_{12} \end{bmatrix}$	Y_1, Y_2 (格子形)	$Y=\dfrac{1}{2}\begin{bmatrix} Y_1+Y_2 & Y_2-Y_1 \\ Y_2-Y_1 & Y_1+Y_2 \end{bmatrix}$

【例題 6.1】

右の二端子対網の Z 行列,Y 行列,K 行列を求めよ.ただし,図中の Z_1, Z_2, Z_3 は任意のインピーダンスである.

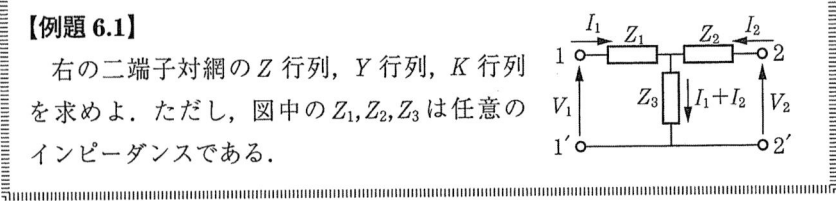

〈解答例〉

Z 行列:回路方程式を立てると,Z_3 に流れる電流が I_1+I_2 となるので,

$$V_1 = Z_1 I_1 + Z_3(I_1+I_2) = (Z_1+Z_3)I_1 + Z_3 I_2$$

$$V_2 = Z_3 I_1 + (Z_2+Z_3)I_2$$

上記の2つの方程式を行列形に書き改めると,

$$\begin{bmatrix} V_1 \\ V_2 \end{bmatrix} = \begin{bmatrix} Z_1+Z_3 & Z_3 \\ Z_3 & Z_2+Z_3 \end{bmatrix} \begin{bmatrix} I_1 \\ I_2 \end{bmatrix}$$

となるので,求める Z 行列は,

$$Z = \begin{bmatrix} Z_1+Z_3 & Z_3 \\ Z_3 & Z_2+Z_3 \end{bmatrix}$$

Y 行列:先に求めた Z 行列の逆行列を求めて,

6.1 種々の四端子行列

$$Y = Z^{-1} = \frac{1}{Z_1Z_2 + Z_2Z_3 + Z_3Z_1}\begin{bmatrix} Z_2+Z_3 & -Z_3 \\ -Z_3 & Z_1+Z_3 \end{bmatrix}$$

K 行列：Z 行列，Y 行列とは I_2 の向きが逆に定義されるので，Z 行列を求めるときに導出した回路方程式は，K 行列については

$$V_1 = (Z_1+Z_3)I_1 - Z_3I_2 \tag{1}$$

$$V_2 = Z_3I_1 - (Z_2+Z_3)I_2 \tag{2}$$

となる．両式より I_1 を消去すると，

$$Z_3V_1 - (Z_1+Z_3)V_2 = (Z_1Z_2 + Z_2Z_3 + Z_3Z_1)I_2$$

V_1 を左辺とするように変形して，

$$V_1 = \left(\frac{Z_1}{Z_3}+1\right)V_2 + \frac{Z_1Z_2+Z_2Z_3+Z_3Z_1}{Z_3}I_2 \tag{3}$$

また，式(2)を I_1 が左辺にくるように変形して，

$$I_1 = \frac{1}{Z_3}V_2 + \left(\frac{Z_2}{Z_3}+1\right)I_2 \tag{4}$$

式(3),(4)を行列形で表すと

$$\begin{bmatrix} V_1 \\ I_1 \end{bmatrix} = \frac{1}{Z_3}\begin{bmatrix} Z_1+Z_3 & Z_1Z_2+Z_2Z_3+Z_3Z_1 \\ 1 & Z_2+Z_3 \end{bmatrix}\begin{bmatrix} V_2 \\ V_1 \end{bmatrix}$$

となるので，求める K 行列は，

$$K = \frac{1}{Z_3}\begin{bmatrix} Z_1+Z_3 & Z_1Z_2+Z_2Z_3+Z_3Z_1 \\ 1 & Z_2+Z_3 \end{bmatrix}$$

〈別解〉

この問題のように比較的簡単な回路では用いる必要がないと思われるが，参考のため，Y 行列についてのみ，行列要素の物理的意味から求めてみる．$V_1 = 0$ のとき，回路の状態は右図に示すようになり，各端子電流を V_2 を用いて表すと

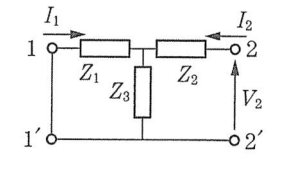

$$I_2 = \frac{V_2}{Z_2 + Z_1Z_3/(Z_1+Z_3)} = \frac{Z_1+Z_3}{Z_1Z_2+Z_2Z_3+Z_3Z_1}V_2$$

$$I_1 = -\frac{Z_3}{Z_1+Z_3}I_2 = -\frac{Z_3}{Z_1Z_2+Z_2Z_3+Z_3Z_1}V_2$$

となるので，

$$\begin{cases} y_{12} = \dfrac{I_1}{V_2}\bigg|_{V_1=0} = -\dfrac{Z_3}{Z_1Z_2+Z_2Z_3+Z_3Z_1} \\ y_{22} = \dfrac{I_2}{V_2}\bigg|_{V_1=0} = \dfrac{Z_1+Z_3}{Z_1Z_2+Z_2Z_3+Z_3Z_1} \end{cases}$$

が得られる．一方，$V_2=0$ のとき，回路の状態は右図に示すようになり，同様に各端子電流を V_1 を用いて表すと

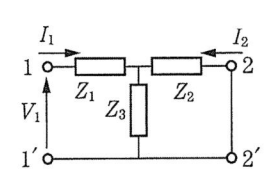

$$I_1 = \dfrac{V_1}{Z_1+Z_2Z_3/(Z_2+Z_3)} = \dfrac{Z_2+Z_3}{Z_1Z_2+Z_2Z_3+Z_3Z_1}V_1$$

$$I_2 = -\dfrac{Z_3}{Z_2+Z_3}I_1 = -\dfrac{Z_3}{Z_1Z_2+Z_2Z_3+Z_3Z_1}V_1$$

となることより

$$\begin{cases} y_{11} = \dfrac{I_1}{V_1}\bigg|_{V_2=0} = \dfrac{Z_2+Z_3}{Z_1Z_2+Z_2Z_3+Z_3Z_1} \\ y_{21} = \dfrac{I_2}{V_1}\bigg|_{V_2=0} = -\dfrac{Z_3}{Z_1Z_2+Z_2Z_3+Z_3Z_1} \end{cases}$$

と各要素が求められ，先に求めたのと同様の答を得る．

6.2 諸行列間の関係

ある四端子回路が与えられたとき，その Z 行列，Y 行列，K 行列は，一意に決まるので，3つの行列のうち1つが明らかならば，それを用いて他の2行列を求めることができる．下表に，$z_{11}\sim z_{22}$, $y_{11}\sim y_{22}$, $A\sim D$ を用いた各行列

	$z_{11}\sim z_{22}$	$y_{11}\sim y_{22}$	$A\sim D$
Z	$\begin{bmatrix} z_{11} & z_{12} \\ z_{21} & z_{22} \end{bmatrix}$	$\dfrac{1}{|Y|}\begin{bmatrix} y_{22} & -y_{12} \\ -y_{21} & y_{11} \end{bmatrix}$	$\dfrac{1}{C}\begin{bmatrix} A & 1 \\ 1 & D \end{bmatrix}$
Y	$\dfrac{1}{|Z|}\begin{bmatrix} z_{22} & -z_{12} \\ -z_{21} & z_{11} \end{bmatrix}$	$\begin{bmatrix} y_{11} & y_{12} \\ y_{21} & y_{22} \end{bmatrix}$	$\dfrac{1}{B}\begin{bmatrix} D & -1 \\ -1 & A \end{bmatrix}$
K	$\dfrac{1}{z_{21}}\begin{bmatrix} z_{11} & |Z| \\ 1 & z_{22} \end{bmatrix}$	$-\dfrac{1}{y_{21}}\begin{bmatrix} y_{22} & 1 \\ |Y| & y_{11} \end{bmatrix}$	$\begin{bmatrix} A & B \\ C & D \end{bmatrix}$

ただし，$|Z|=z_{11}z_{22}-z_{12}z_{21}$, $|Y|=y_{11}y_{22}-y_{12}y_{21}$

6.2 諸行列間の関係

の計算式をまとめて示す.

【例題 6.2】
　ある二端子対網において，K 行列が
$$K = \begin{bmatrix} A & B \\ C & D \end{bmatrix}$$
と与えられている．K 行列→Z, Y 行列の変換公式を知らないものとして，この二端子対網の Z 行列と Y 行列を求めてみよ．

〈解答例〉
　K 行列の定義により，
$$V_1 = AV_2 + BI_2$$
$$I_1 = CV_2 + DI_2$$
の両式が得られる．ここで，Z 行列と Y 行列では，K 行列とは I_2 の向きが逆に定義されているので，両式の I_2 の符号を逆にして，
$$V_1 = AV_2 - BI_2$$
$$I_1 = CV_2 - DI_2$$
が，Z, Y 行列を求めるための基本式となる．まず Z 行列は，V_1, V_2 を I_1, I_2 のみで表すように両式を変形すると，
$$V_1 = AV_2 - BI_2 = A\left(\frac{1}{C}I_1 + \frac{D}{C}I_2\right) - BI_2 = \frac{A}{C}I_1 + \frac{AD-BC}{C}I_2$$
$$V_2 = \frac{1}{C}I_1 + \frac{D}{C}I_2$$
が得られるので，これを行列形で表し，また K 行列の性質から各要素の間に $AD-BC = |K| = 1$ の関係があることを用いると，
$$\begin{bmatrix} V_1 \\ V_2 \end{bmatrix} = \frac{1}{C}\begin{bmatrix} A & 1 \\ 1 & D \end{bmatrix}\begin{bmatrix} I_1 \\ I_2 \end{bmatrix} \quad \text{より求める Z 行列は，} \quad Z = \frac{1}{C}\begin{bmatrix} A & 1 \\ 1 & D \end{bmatrix}$$
Y 行列も同様にして，
$$I_2 = -\frac{1}{B}V_1 + \frac{A}{B}V_2$$

$$I_1 = CV_2 - DI_2 = CV_2 - D\left(-\frac{1}{B}V_1 + \frac{A}{B}V_2\right) = \frac{D}{B}V_1 - \frac{AD-BC}{B}V_2$$

が得られるので，行列形で表し，

$$\begin{bmatrix} I_1 \\ I_2 \end{bmatrix} = \frac{1}{B}\begin{bmatrix} D & -1 \\ -1 & A \end{bmatrix}\begin{bmatrix} V_1 \\ V_2 \end{bmatrix} \text{ より求める } Y \text{ 行列は，} Y = \frac{1}{B}\begin{bmatrix} D & -1 \\ -1 & A \end{bmatrix}$$

〈別解〉

行列要素の物理的意味から導くことも可能である．たとえば，Z 行列について，その解法を示すと，まず 1-1' 間が開放されているときを考え，$I_1 = 0$ を基本式に代入して，

$$V_1 = AV_2 - BI_2$$
$$CV_2 - DI_2 = 0$$

が得られる．これらの第 2 式が $V_2 = (D/C)I_2$ と書けることを利用して，

$$z_{12} = \left.\frac{V_1}{I_2}\right|_{I_1=0} = \frac{A(D/C)I_2 - BI_2}{I_2} = \frac{AD-BC}{C} = \frac{1}{C}$$

$$z_{22} = \left.\frac{V_2}{I_2}\right|_{I_1=0} = \frac{(D/C)I_2}{I_2} = \frac{D}{C}$$

が得られる．次に，2-2' 間が開放されているときを考える．$I_2 = 0$ を基本式に代入すると，

$$V_1 = AV_2$$
$$I_1 = CV_2$$

が得られるので，同様にして，

$$z_{11} = \left.\frac{V_1}{I_1}\right|_{I_2=0} = \frac{AV_2}{CV_2} = \frac{A}{C}$$

$$z_{21} = \left.\frac{V_2}{I_1}\right|_{I_2=0} = \frac{V_2}{CV_2} = \frac{1}{C}$$

となり，先に導いたのと同様の Z 行列が得られる．また，言うまでもないが，Y 行列は，Z 行列の逆行列によって求めてもよい．

6.3 四端子回路の相互接続

2つ以上の四端子回路があるとき，それらを相互に接続して1つの回路網と

6.3 四端子回路の相互接続

して用いる場合の全体の行列を求めることもできる．電気回路学においてよく用いられる接続は，**並列接続**，**直列接続**，**縦続接続**の3つで，下表にそれらの接続の形と，その際に成り立つ関係式をまとめる．

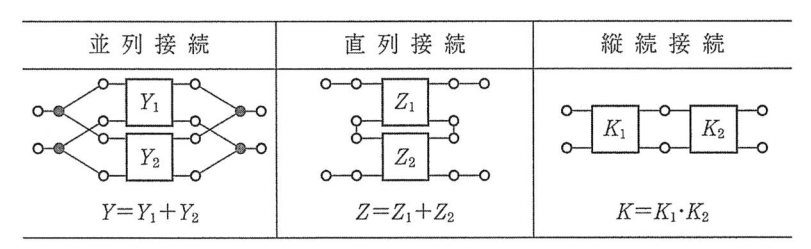

並 列 接 続	直 列 接 続	縦 続 接 続
Y_1, Y_2 並列	Z_1, Z_2 直列	K_1, K_2 縦続
$Y = Y_1 + Y_2$	$Z = Z_1 + Z_2$	$K = K_1 \cdot K_2$

並列接続の場合は，2つの回路網の Y 行列 Y_1, Y_2 の和により接続後の回路全体の Y 行列 Y を求めることができるが，Z 行列や K 行列では，このような簡単な関係式は存在しない．同様に，直列接続の場合には Z 行列に関する和，縦属接続の場合は K 行列に関する積により，各々接続後の Z 行列，K 行列を求めることができるが，他の行列については簡単な関係式は存在しない．

また，これらの関係式を用いる際には，接続後の回路網において，以下の条件が満たされていなければならない．すなわち，端子1から流れ入んだ電流が対応する端子 $1'$ から流れ出し，端子2から流れ込んだ電流が対応する端子 $2'$ から流れ出していなければならない．縦続接続については，この条件は常に満足されているが，直列接続や並列接続では満たされていない場合があり，注意が必要である．

【例題 6.3】

右の回路網の Z 行列と K 行列を求めよ．ただし，回路網 N_0 の Z 行列は，

$$Z_0 = \begin{bmatrix} z_3 & z_3 \\ z_3 & z_3 \end{bmatrix}$$

であり，z_1, z_2 はインピーダンスである．

〈解答例〉

Z 行列：右図のように，与えられた回路を，回路網 N_0 とインピーダンス z_1,

z_2 からなる回路網 N_1 の直列接続と考える.なお,回路網 N_1 は,図より明らかに相互接続の条件を満たしている.回路網 N_1 の Z 行列は,

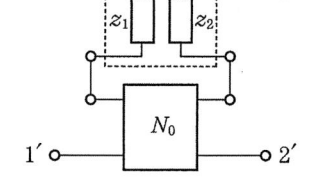

$$Z_1 = \begin{bmatrix} z_1 & 0 \\ 0 & z_2 \end{bmatrix}$$

なので(第6.1節の表を参照のこと),全体の Z 行列は,

$$Z = Z_0 + Z_1 = \begin{bmatrix} z_3 & z_3 \\ z_3 & z_3 \end{bmatrix} + \begin{bmatrix} z_1 & 0 \\ 0 & z_2 \end{bmatrix} = \begin{bmatrix} z_1 + z_3 & z_3 \\ z_3 & z_2 + z_3 \end{bmatrix}$$

K 行列:諸行列間の関係(第6.2節の表を参照のこと)より,Z 行列が

$$Z = \begin{bmatrix} z_{11} & z_{12} \\ z_{21} & z_{22} \end{bmatrix}$$

と与えられる回路網の K 行列は,

$$K = \frac{1}{z_{21}} \begin{bmatrix} z_{11} & |Z| \\ 1 & z_{22} \end{bmatrix}$$

なので,前問で得られた Z 行列より,

$$K = \frac{1}{z_3} \begin{bmatrix} z_1 + z_3 & z_1 z_2 + z_2 z_3 + z_3 z_1 \\ 1 & z_2 + z_3 \end{bmatrix}$$

〈別解〉

K 行列については,右図のような縦続接続で考えてもよい.回路網 N_0 の K 行列は諸行列間の関係より,

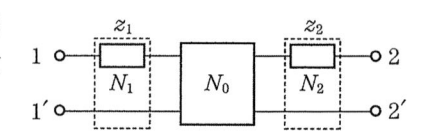

$$K_0 = \frac{1}{z_3} \begin{bmatrix} z_3 & 0 \\ 1 & z_3 \end{bmatrix}$$

となり,回路網 N_1, N_2 の K 行列は,各々

$$K_1 = \begin{bmatrix} 1 & z_1 \\ 0 & 1 \end{bmatrix}, \quad K_2 = \begin{bmatrix} 1 & z_2 \\ 0 & 1 \end{bmatrix}$$

と得られる(第6.1節の表を参照のこと).$K = K_1 K_0 K_2$ を計算すると,先に求めたのと同様の結果が得られる.

6.4 等価なT型・π型回路

先に述べた通り，いかなる四端子回路であっても，3つの行列要素がわかれば，完全にその性質を表すことができる．したがって，全ての四端子回路は，必ず3つのインピーダンス（あるいはアドミタンス）からなる簡単な等価回路で表現することができる．具体的には，Z行列の要素を用いて，3つのインピーダンスからなる等価なT型回路を導き出すことができ，Y行列の要素を用いて，3つのアドミタンスからなる等価なπ型回路を導き出すことができる．下図に，その等価な回路の求め方を図示する．証明は，例題6.4に示した．

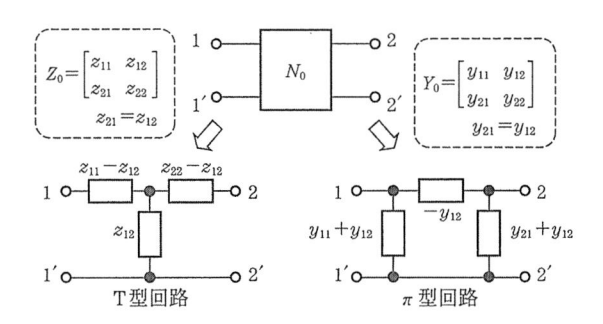

【例題 6.4】

Z行列とY行列が，各々

$$Z_0 = \begin{bmatrix} z_{11} & z_{12} \\ z_{12} & z_{22} \end{bmatrix}, \quad Y_0 = \begin{bmatrix} y_{11} & y_{12} \\ y_{12} & y_{22} \end{bmatrix}$$

であるような二端子対網がある．この二端子対網と等価なT型回路とπ型回路を示せ．

〈解答例〉

T型回路：右図のようなT型回路のZ行列は，

$$Z = \begin{bmatrix} Z_1 + Z_3 & Z_3 \\ Z_3 & Z_2 + Z_3 \end{bmatrix}$$

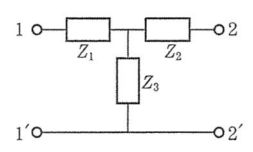

である（例題6.1参照）．これを与えられたZ行列Z_0と，対応する要素ごと

に比較すると，以下の連立方程式を得る．

$$\begin{cases} Z_1+Z_3=z_{11} \\ Z_3=z_{12} \\ Z_2+Z_3=z_{22} \end{cases}$$

これらを解いて $Z_1 \sim Z_3$ を求めると，

$$Z_1=z_{11}-z_{12}, \qquad Z_2=z_{22}-z_{12}, \qquad Z_3=z_{12}$$

が得られる．

π型回路：右図のような π 型回路の Y 行列は，

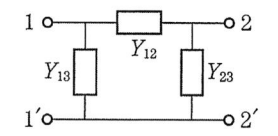

$$Y=\begin{bmatrix} Y_{13}+Y_{12} & -Y_{12} \\ -Y_{12} & Y_{23}+Y_{12} \end{bmatrix}$$

となる（第 6.1 節の表を参照）ので，同様に連立方程式を立てて，

$$Y_{13}=y_{11}+y_{12}, \qquad Y_{23}=y_{22}+y_{12}, \qquad Y_{12}=-y_{12}$$

が得られる．

6.5 入力インピーダンスと出力インピーダンス

右図に示すように，ある四端子回路 N_0 の入力端（1-1′ 間）に内部インピーダンス Z_G を含む電源回路が，出力端（2-2′ 間）に負荷インピーダンス Z_L が接続されている回路を考える．このとき，1-1′ 間から負荷側を見たインピーダンス（言い換えると，N_0 と Z_L をまとめて負荷インピーダンスとみなしたもの）を**入力インピーダンス** Z_{in}，また，2-2′ 間から電源側を見て，電源を殺したときのインピーダンス（言い換えると，2-2′ 間から左側をまとめて電源回路とみなしたときの内部インピーダンス）を**出力インピーダンス** Z_{out} という．これらの定義は，

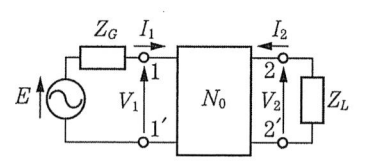

$$Z_{\text{in}}=\frac{V_1}{I_1}, \qquad Z_{\text{out}}=-\frac{V_2}{I_2}$$

となる．また，逆数をとって**入力アドミタンス**，**出力アドミタンス**を定義することもある．このような考え方は，回路網をまとめて 1 つのインピーダンス，アドミタンスとみなすもので，回路の解析を簡単化する上で役に立つ考え方で

6.5 入力インピーダンスと出力インピーダンス

ある．

【例題 6.5】

右の回路において，回路網 N_0 の Z 行列が，

$$Z = \begin{bmatrix} z_{11} & z_{12} \\ z_{21} & z_{22} \end{bmatrix}$$

と与えられているとき，入力インピーダンス Z_{in} と出力インピーダンス Z_{out} を各々求めよ．

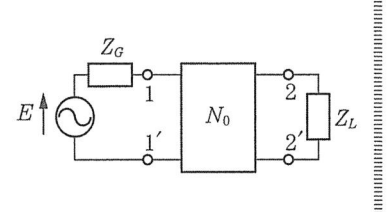

〈解答例〉

入力インピーダンス：右図のように，V_1, V_2, I_1, I_2 を定義すると，Z 行列の定義等から以下の関係式を導くことができる．

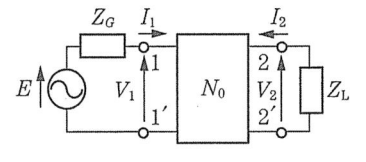

$$V_1 = z_{11} I_1 + z_{12} I_2 \tag{1}$$

$$V_2 = z_{21} I_1 + z_{22} I_2 \tag{2}$$

$$V_2 = -Z_L I_2 \tag{3}$$

式(2),(3)より V_2 を消去すると

$$I_2 = -\frac{z_{21}}{Z_L + z_{22}} I_1$$

式(1)に代入すると

$$V_1 = \left(z_{11} - \frac{z_{12} z_{21}}{Z_L + z_{22}} \right) I_1$$

ここで，Z 行列において，$z_{12} = z_{21}$ が成り立つことを用いると，入力インピーダンスの定義より，

$$Z_{\text{in}} = \frac{V_1}{I_1} = z_{11} - \frac{z_{12}^2}{Z_L + z_{22}}$$

が，得られる．

出力インピーダンス：右図のように，電源を取り除き，2-2' 間に仮想的に，

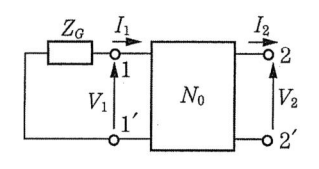

電圧 V_2 を印加する電源を考えて，式を立てればよい．Z 行列の定義等から

$V_1 = z_{11}I_1 + z_{12}I_2$

$V_2 = z_{21}I_1 + z_{22}I_2$

$V_1 = -Z_G I_1$

これらの式より V_1, I_1 を消去し，V_2 と I_2 の関係を求めると

$$V_2 = \left(z_{22} - \frac{z_{12}z_{21}}{Z_G + z_{11}}\right) I_2$$

$z_{12} = z_{21}$ が成り立つので，出力インピーダンスの定義より，

$$Z_{\text{out}} = \frac{V_2}{I_2} = z_{22} - \frac{z_{12}{}^2}{Z_G + z_{11}}$$

が得られる．

〈別解〉

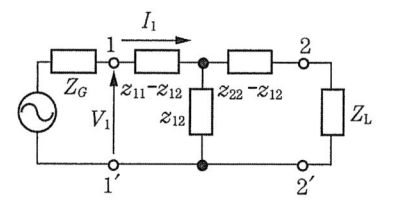

右図のように，回路網 N_0 を Z 行列を用いて，等価な T 型回路で置き換える方法もある．入力インピーダンスについてのみ計算を示すと，1-1′ から右を見た合成インピーダンスが求める Z_{in} なので，

$$Z_{in} = (z_{11} - z_{12}) + \frac{z_{12}(z_{22} - z_{12} + Z_L)}{z_{12} + (z_{22} - z_{12} + Z_L)} = z_{11} - \frac{z_{12}{}^2}{z_{22} + Z_L}$$

と同様の答が得られる．

―――――― 演習問題 ――――――

問 6.1 右の二端子対網の Z 行列と Y 行列を求めよ．ただし，図中の Z_1, Z_2 は任意のインピーダンスである．

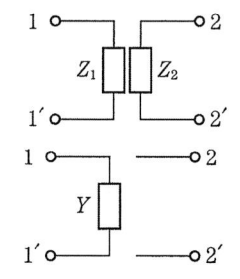

問 6.2 右の二端子対網の Y 行列を求めよ．ただし，図中の Y は任意のアドミタンスである．

演 習 問 題

問 6.3 右の二端子対網の Z 行列と K 行列を求めよ．ただし，図中の Z は任意のインピーダンスである．

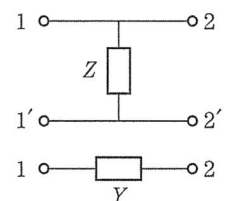

問 6.4 右の二端子対網の Y 行列と K 行列を求めよ．ただし，図中の Y は任意のアドミタンスである．

問 6.5 右の二端子対網の Z 行列，Y 行列，K 行列を求めよ．ただし，図中の Y_{13}, Y_{12}, Y_{23} は任意のアドミタンスである．

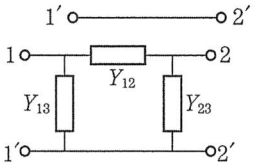

問 6.6 右の二端子対網（変圧器）の Z 行列，Y 行列，K 行列を求めよ．

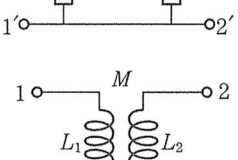

問 6.7 右の二端子対網（理想変成器）の K 行列を求めよ．

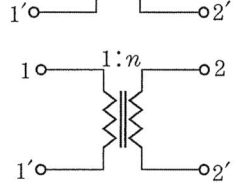

問 6.8 右の回路網（対称格子型回路）の Z 行列，Y 行列，K 行列を求めよ．

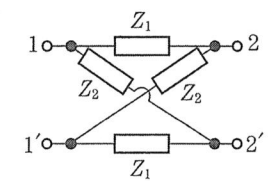

問 6.9 回路網 N_0 の Y 行列が，

$$Y_0 = \begin{bmatrix} 2 & 1 \\ 1 & 3 \end{bmatrix}$$

のとき，下図(a)，(b)の回路網の Y 行列を各々求めよ．

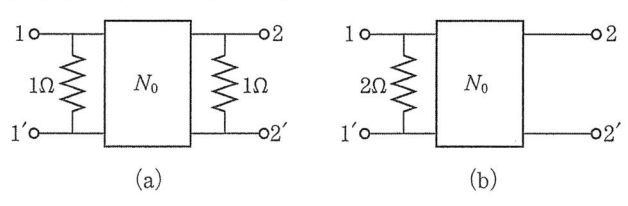

(a) (b)

問 6.10 下の回路網の K 行列を求めよ.

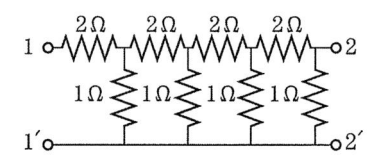

問 6.11 右の二端子対網について, 以下の問に答えよ.
(1) Y 行列を求めよ.
(2) 端子 1-1′ 間に角周波数 ω の交流電圧 V_1 を印加し, 2-2′ 間は開放とする. このとき, 2-2′ 間に生じる電圧 V_2 を求めよ.
(3) $V_2=0$ となる角周波数 ω_0 を求めよ.

問 6.12 右の回路網の K 行列と Z 行列を求めよ.

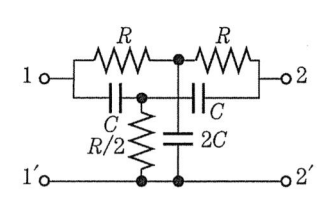

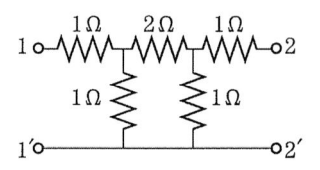

問 6.13 右図の回路網において, K 行列が,
$$K=\begin{bmatrix} 2 & 3 \\ 3 & 5 \end{bmatrix}$$
のとき, Z_1, Z_2, Z_3 の値を求めよ.

問 6.14 右の回路網の Z 行列を求めよ.

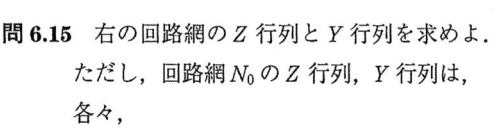

問 6.15 右の回路網の Z 行列と Y 行列を求めよ. ただし, 回路網 N_0 の Z 行列, Y 行列は, 各々,
$$Z_0=\begin{bmatrix} z_{11} & z_{12} \\ z_{21} & z_{22} \end{bmatrix}, \qquad Y_0=\begin{bmatrix} y_{11} & y_{12} \\ y_{21} & y_{22} \end{bmatrix}$$
と与えられているものとする.

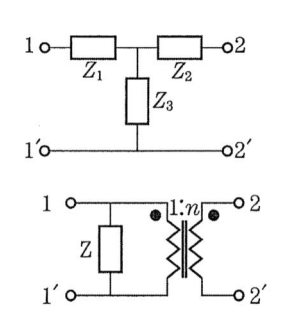

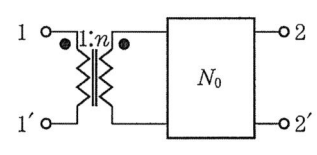

演習問題

問 6.16 右の回路について,
(1) Z 行列を求めよ.
(2) 等価な T 型回路を示せ.
ただし, 回路網 N_0 の Z 行列は,
$$Z_0 = \begin{bmatrix} z_{11} & z_{12} \\ z_{21} & z_{22} \end{bmatrix} = \begin{bmatrix} 5 & 3 \\ 3 & 7 \end{bmatrix}$$
であるものとする.

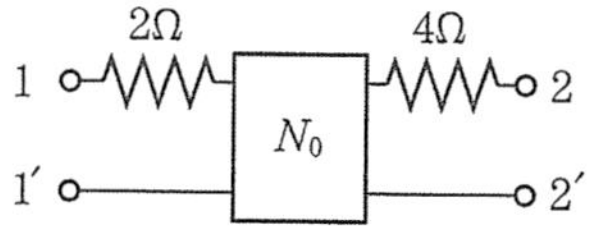

問 6.17 下の回路 (梯子型回路) と等価な T 型回路を求めよ.

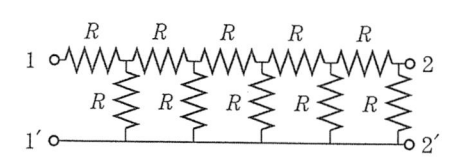

問 6.18 右の回路において, 回路網 N_0 の K 行列が,
$$K = \begin{bmatrix} A & B \\ C & D \end{bmatrix}$$
と与えられているとき, 入力インピーダンス Z_{in} と出力インピーダンス Z_{out} を各々求めよ.

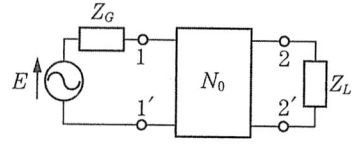

7 回路の諸定理

電気回路内の電圧・電流分布は，基本的にはキルヒホッフの法則を用いて全て求めることができるが，回路が複雑になるにつれ計算が煩雑になる．そこで，より回路の計算を容易に行うため，種々の電気回路に関する定理が導かれている．本章では，その中でも特に重要な，重ね合わせの理，相反定理，等価電源の定理，補償定理，T-π変換，供給電力最大の法則について簡単に説明し，その用法について学ぶ．

7.1 重ね合わせの理

複数個の電源を含む回路の電圧・電流分布は，各電源が単独で存在したときの電圧・電流分布の和に等しい．この定理を**重ね合わせの理**という．具体的な用法は，(1) ある1つの電源のみを残して他の電源の機能を停止させた回路を考えて必要な電流・電圧を求め，(2) 他の電源についても，順に各電源1つのみを残した回路について同様に電流・電圧を求めていき，(3) 最後にそれらの和を求めて最終的な解を得る．電源の機能を停止させるには，**電圧源は短絡**し，**電流源は開放**する．

【例題 7.1】
　右の回路で，抵抗 R_3 に流れる電流 I_3 を，重ね合せの理を用いて求めよ．

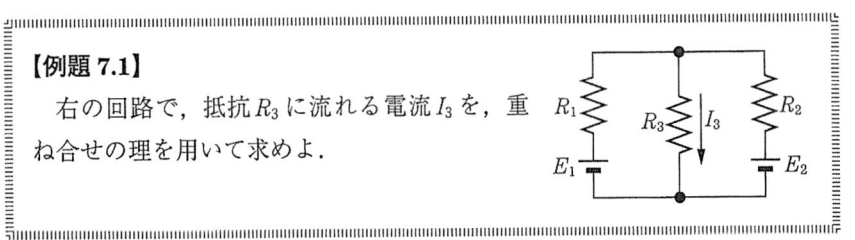

〈解答例〉
　重ね合せの理を用いると，求める電流 I_3 は，下図の2つの回路（2つの電源

のうち，1方のみを生かした回路）の電流 I_{3A}, I_{3B} の和として求められる．

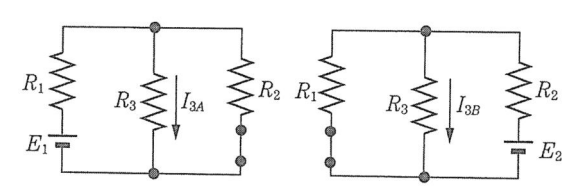

各々，抵抗 R_3 に流れる電流は，

$$I_{3A} = \frac{E_1}{R_1 + \dfrac{R_2 R_3}{R_2 + R_3}} \cdot \frac{R_2}{R_2 + R_3} = \frac{R_2 E_1}{R_1 R_2 + R_2 R_3 + R_3 R_1}$$

$$I_{3B} = \frac{E_2}{R_2 + \dfrac{R_1 R_3}{R_1 + R_3}} \cdot \frac{R_1}{R_1 + R_3} = \frac{R_1 E_2}{R_1 R_2 + R_2 R_3 + R_3 R_1}$$

となるので，求める I_3 は，

$$I_3 = I_{3A} + I_{3B} = \frac{R_2 E_1 + R_1 E_2}{R_1 R_2 + R_2 R_3 + R_3 R_1}$$

である．

なお，この問題の回路は，例題 2.3 と同じである．回路方程式を立てて求めた結果と，重ね合わせの理により求めた結果は，当然等しくなる．

7.2 相反定理

抵抗，コンデンサ，コイル等の線形な回路素子からなる四端子回路においては，入力端と出力端を入れ替えても電気的な応答は変わらない．このような性質を**相反性**という．相反定理は，この性質に関する定理で，簡単に言うと「線形回路において，入力と出力の比は，入出力端を入れ替えても変わらない」ということを述べているのだが，実際には入出力の組み合わせ方に制約があるので，以下の3つの相反性に分けて覚えるのがよい．

（1） 電圧源の相反性

入力を電圧，出力を短絡電流としたときに成り立つ相反性であり，下図に示すような入出力端を交換した2つの接続法について，

$$\frac{E_1}{I_2} = \frac{E_2}{I_1}$$

の関係が成り立つ.

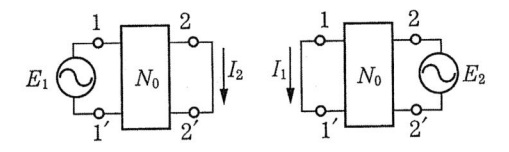

(2) 電流源の相反性

入力を電流,出力を開放電圧としたときに成り立つ相反性であり,下図に示すような入出力端を交換した2つの接続法について,

$$\frac{J_1}{V_2} = \frac{J_2}{V_1}$$

の関係が成り立つ.

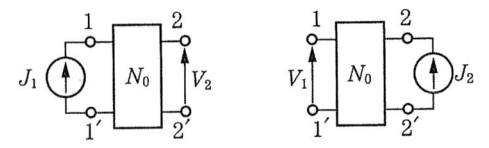

(3) 波形の相反性

入力・出力として,一方は電圧・開放電圧,もう一方は電流・短絡電流としたときに成り立つ相反性であり,下図に示すような入出力端を交換した2つの接続法について,

$$\frac{E_1}{V_2} = \frac{J_2}{I_1}$$

の関係が成り立つ.

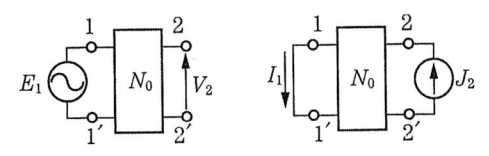

7.2 相反定理

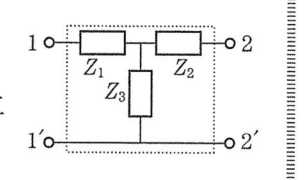

【例題 7.2】
右のT型回路について,「電圧源の相反性」,「電流源の相反性」,「波形の相反性」が各々成り立つことを示せ.

〈解答例〉

端子対 1-1' に電圧源, 電流源をつないだときの各々の場合について, 2-2' 間の開放電圧, 短絡電流, および端子対 2-2' に電圧源, 電流源をつないだときの 1-1' 間の開放電圧, 短絡電流を全て求め, 入出力の比が等しくなるものをまとめればよい. すなわち,

(1) 1-1' 間に電圧源 E_1 を接続したとき, 開放電圧 V_2 は, 右図より Z_2 が殺されていることに注意して,

$$V_2 = \frac{Z_3}{Z_1 + Z_3} E_1$$

短絡電流 I_2 は,

$$I_2 = \frac{E_1}{Z_1 + \dfrac{Z_2 Z_3}{Z_2 + Z_3}} \cdot \frac{Z_3}{Z_2 + Z_3}$$

$$= \frac{Z_3}{Z_1 Z_2 + Z_2 Z_3 + Z_3 Z_1} E_1$$

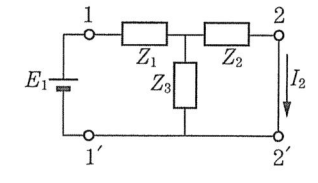

(2) 2-2' 間に電圧源 E_2 を接続したとき, 開放電圧 V_1, 短絡電流 I_1 は各々,

$$V_1 = \frac{Z_3}{Z_2 + Z_3} E_2$$

$$I_1 = \frac{Z_3}{Z_1 Z_2 + Z_2 Z_3 + Z_3 Z_1} E_2$$

(3) 1-1' 間に電流源 J_1 を接続したとき, 開放電圧 V_2', 短絡電流 I_2' は各々,

$$V_2' = R_3 J_1$$

$$I_2' = \frac{Z_3}{Z_2+Z_3} J_1$$

(4) 2-2′間に電流源 J_2 を接続したとき，開放電圧 V_1'，短絡電流 I_1' は各々，

$$V_1' = R_3 J_2$$

$$I_1' = \frac{Z_3}{Z_1+Z_3} J_2$$

以上から，出力/入力の値が同じものを整理すると，

(1) $\dfrac{I_2}{E_1} = \dfrac{I_1}{E_2} = \dfrac{Z_3}{Z_1Z_2+Z_2Z_3+Z_3Z_1}$ ：電圧源の相反性

(2) $\dfrac{I_2'}{J_1} = \dfrac{I_1'}{J_2} = R_3$ ：電流源の相反性

(3) $\dfrac{V_2}{E_1} = \dfrac{I_1'}{J_2} = \dfrac{Z_3}{Z_1+Z_3}$，$\dfrac{I_2'}{J_1} = \dfrac{V_1}{E_2} = \dfrac{Z_3}{Z_2+Z_3}$ ：波形の相反性

が得られる．なお，第6章で述べたように，四端子回路は基本的に等価なT型回路で置き換えることができる．したがって，この例題は，そのまま相反定理の証明ともなっている．

7.3 等価電源の定理

電源を含む回路を簡単に扱うための定理である．どのような電源回路であっても，1つの電源と1つのインピーダンスを用いて表現できるというもので，電源として電圧源を用いて表現するものを**鳳-テブナンの定理**，電流源を用いるものを**ノートンの定理**という．

電源回路の出力端1-2を考える．電源回路内の全ての電源の機能を停止した状態（重ね合わせの理で述べたように，電圧源は短絡，電流源は開放する）で，出力端1-2間のインピーダンスを，**内部インピーダンス** Z_0 とおく．また，出力端を開放したとき1-2間に生じる電圧を開放電圧 V_0，逆に出力端を短絡したとき1-2間に流れる電流を短絡電流 J_0 とおく．このとき，この電源回路は，

(1) **鳳-テブナンの等価電源**：開放電圧 V_0 を出力とする電圧源と内部インピーダンス Z_0 の直列接続（下図(a)参照），

7.3 等価電源の定理

もしくは

(2) **ノートンの等価電源**：短絡電流 J_0 を出力とする電流源と内部インピーダンス Z_0 の並列接続（下図(b)参照）

によって表すことができる．なお，開放電圧 V_0 と短絡電流 J_0 の間には，

$$V_0 = Z_0 J_0 \quad \text{あるいは} \quad J_0 = V_0/Z_0$$

の関係が存在する．

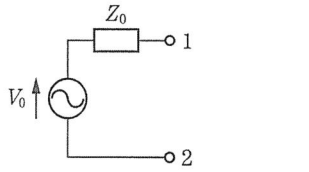

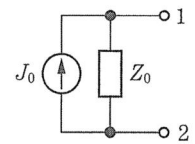

(a) 鳳-テブナンの等価電源　　(b) ノートンの等価電源

【例題 7.3】
　右の電源回路について，鳳-テブナンの等価電源とノートンの等価電源を求めて図示せよ．

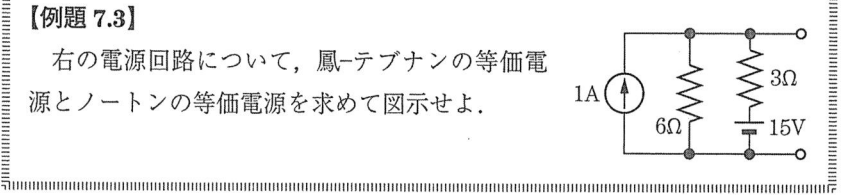

〈解答例〉

　まず，鳳-テブナンの等価電源から求める．開放電圧 V_0 は，重ね合わせの理を用いて

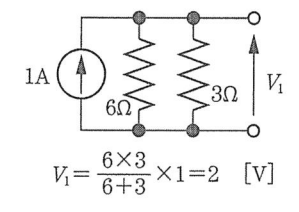

$$V_1 = \frac{6 \times 3}{6+3} \times 1 = 2 \quad [\text{V}] \qquad V_2 = 15 - \frac{3}{6+3} \times 15 = 10 \quad [\text{V}]$$

より，

$$V_0 = V_1 + V_2 = 2 + 10 = 12 \quad [\text{V}]$$

と求まる．一方，内部抵抗 R_0 は，与えられた回路において，電源を全て殺すと次頁右図のようになるので，

$$R_0 = \frac{6 \times 3}{6+3} = 2 \quad [\Omega]$$

よって，鳳-テブナンの等価電源は，右のように得られる．次に，ノートンの等価電源は，鳳-テブナンの等価電源において，短絡電流 J_0 が

$$J_0 = V_0/R_0 = 12/2 = 6 \quad [A]$$

と求められることから，下図のようになる．

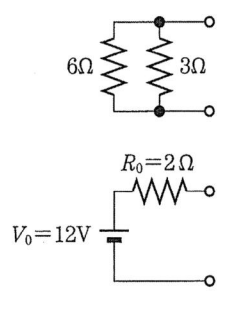

〈別解1〉

上の解法において，V_2 を求めるとき，以下の計算によってもよい．

$$V_2 = \frac{6}{3+6} \times 15 = 10 \quad [V]$$

〈別解2〉

鳳-テブナンの等価電源の開放電圧 V_0 を求めるとき，右図に示すように，電流源とそれに並列な抵抗をまとめて，等価な電圧源におきかえて求めてもよい．このとき，V_0 は

$$V_0 = 6 + \frac{6}{3+6} \times (15-6) = 12 \quad [V]$$

もしくは，

$$V_0 = 15 - \frac{3}{3+6} \times (15-6) = 12 \quad [V]$$

として，求まる．

7.4 補償定理

電源を含む回路において，回路内のある1つのインピーダンス Z を変化させて，$Z + \Delta Z$ としたとき，回路内各部の電圧・電流の変化量は，以下の手順

7.4 補償定理

で求めることができる．
(1) インピーダンス Z に流れる電流 I_0 を求める．
(2) 回路内の全電源の機能を停止させる（この方法については重ね合わせの理，等価電源の定理を参照のこと）．
(3) インピーダンス Z を含む枝に，Z と直列に，$E'=\Delta Z \cdot I_0$ の電圧源を，I_0 と逆向きの電流を流すように挿入する．
(4) インピーダンス Z を $Z+\Delta Z$ で置き換える．
(5) 以上により得られた回路において得られる電圧・電流が，求める変化量となる．

以上の定理を補償定理と呼ぶ．補償定理の名称は，上記手順の(3)で挿入される電圧源が，ΔZ による電圧降下を補償するものであることに由来する．

【例題 7.4】
　右の回路において，検流計 G に流れる電流 I を補償定理を用いて求めよ．ただし，検流計の内部抵抗は充分小さいものとする．

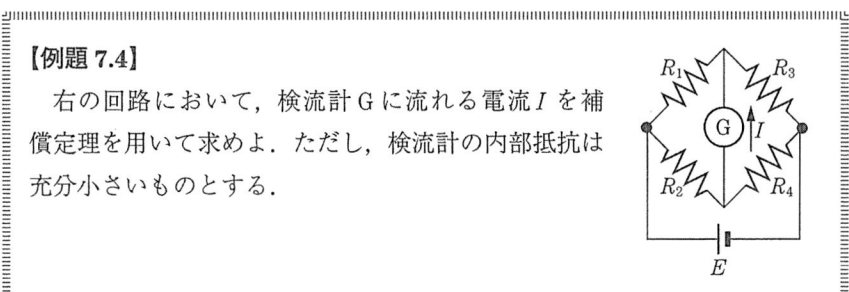

〈解答例〉
　ブリッジを構成する 4 つの抵抗のうち，たとえば R_1 を $R_1=r+\Delta r$ のように 2 つの抵抗の直列接続で表し，r が

$$r = R_2 R_3 / R_4$$

を満足しているものとする．もし，R_1 の代わりに r が接続されているなら，ブリッジは平衡状態にあるので，検流計 G には電流が流れない．したがって，与えられた問題は，もともと抵抗 r が接続されて平衡状態にあったブリッジ回路において，r を R_1 に代えたときの検流計 G に流れる電流の変化分を求める問題に帰着することになる．

　R_1 の代わりに r が接続されていると仮定したとき，r に流れる電流 I_0 は，

$$I_0 = \frac{E}{r+R_3} = \frac{E}{(R_2R_3/R_4)+R_3} = \frac{R_4 E}{(R_2+R_4)R_3}$$

となることを用いて補償定理の回路を描くと，右図のようになる．ただし，ここで

$$E' = \Delta r I_0 = (R_1 - r) \cdot \frac{R_4 E}{(R_2+R_4)R_3}$$

$$= \frac{R_1 R_4 - R_2 R_3}{R_4} \cdot \frac{R_4 E}{(R_2+R_4)R_3}$$

$$= \frac{(R_1 R_4 - R_2 R_3)E}{(R_2+R_4)R_3}$$

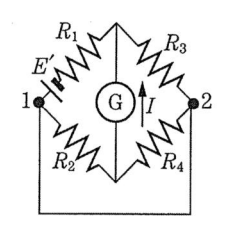

である．この回路では計算がしづらいので，わかりやすく書き換えると，となり，

等価な電流源　　合成抵抗

$$I = \frac{1/R_{24}}{1/R_1 + 1/R_3 + 1/R_{24}} J'$$

$$= \frac{R_1 R_3}{(R_1+R_3)R_{24} + R_1 R_3} \cdot \frac{(R_1 R_4 - R_2 R_3)E}{(R_2+R_4)R_3} \cdot \frac{1}{R_1}$$

$$= \frac{R_1 R_4 - R_2 R_3}{(R_1+R_3)R_2 R_4 + (R_2+R_4)R_1 R_3} E$$

と答が得られる．

　　＊　この問題自体の解法としては，補償定理を用いる他，等価電源の定理を用い

る方法もある．演習問題7.8を参照のこと．

7.5 T-π変換（Y-Δ変換）

四端子回路で学んだように，基本的には，どのような四端子回路網でも等価なT型回路（Y型回路）とπ型回路（Δ型回路）によって表すことができる．このことを，視点を変えて考えると，任意のT型回路は，必ずそれと等価なπ型回路に置き換えることができるし，逆に任意のπ型回路は，必ずそれと等価なT型回路に置き換えることができる．このような回路の変換を **T-π変換** もしくは **Y-Δ変換** といい，回路の簡単化のために大変有益な公式となっている．

下図のように，T型回路を構成するインピーダンスを Z_1, Z_2, Z_3，π型回路を構成するインピーダンスを Z_{12}, Z_{13}, Z_{23} と定義するとき，

（1） π型回路をT型回路で置き換えるとき

$$Z_1 = \frac{Z_{12}Z_{13}}{Z_{12}+Z_{23}+Z_{13}}, \quad Z_2 = \frac{Z_{12}Z_{23}}{Z_{12}+Z_{23}+Z_{13}}, \quad Z_3 = \frac{Z_{13}Z_{23}}{Z_{12}+Z_{23}+Z_{13}}$$

（2） T型回路をπ型回路で置き換えるとき

$$Z_{12} = \frac{Z_1Z_2+Z_2Z_3+Z_3Z_1}{Z_3}, \quad Z_{23} = \frac{Z_1Z_2+Z_2Z_3+Z_3Z_1}{Z_1},$$

$$Z_{13} = \frac{Z_1Z_2+Z_2Z_3+Z_3Z_1}{Z_2}$$

あるいは，

$$Y_{12} = \frac{Y_1Y_2}{Y_1+Y_2+Y_3}, \quad Y_{13} = \frac{Y_1Y_3}{Y_1+Y_2+Y_3}, \quad Y_{23} = \frac{Y_2Y_3}{Y_1+Y_2+Y_3}$$

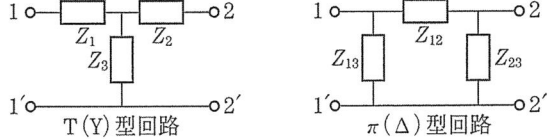

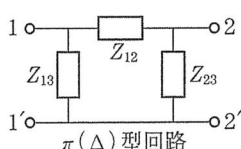

ただし，$Y_i = 1/Z_i$，$Y_{ij} = 1/Z_{ij}$

T(Y)型回路　　　　π(Δ)型回路

【例題 7.5】
π 型回路を T 型回路に変換する公式を導け．

〈解答例〉
四端子回路行列により考える．まず，上図の T 型回路の Z 行列は，

$$Z = \begin{bmatrix} Z_1+Z_3 & Z_3 \\ Z_3 & Z_2+Z_3 \end{bmatrix}$$

と求められる（例題 6.1 参照）．次に，π 型回路の Z 行列は，

$$Z = \frac{1}{Z_{12}+Z_{13}+Z_{23}} \begin{bmatrix} Z_{13}Z_{23}+Z_{12}Z_{23} & Z_{13}Z_{23} \\ Z_{13}Z_{23} & Z_{13}Z_{23}+Z_{12}Z_{13} \end{bmatrix}$$

と求められる（演習 6.5 参照）．両者が等しいので，要素ごとに比較すると

$$Z_1+Z_3 = \frac{Z_{13}Z_{23}+Z_{12}Z_{23}}{Z_{12}+Z_{13}+Z_{23}}$$

$$Z_3 = \frac{Z_{13}Z_{23}}{Z_{12}+Z_{13}+Z_{23}}$$

$$Z_2+Z_3 = \frac{Z_{13}Z_{23}+Z_{12}Z_{13}}{Z_{12}+Z_{13}+Z_{23}}$$

これらを連立させて解くと，

$$Z_1 = \frac{Z_{12}Z_{13}}{Z_{12}+Z_{13}+Z_{23}}, \qquad Z_2 = \frac{Z_{12}Z_{23}}{Z_{12}+Z_{13}+Z_{23}}, \qquad Z_3 = \frac{Z_{13}Z_{23}}{Z_{12}+Z_{13}+Z_{23}}$$

が得られる．なお，逆に T 型回路を π 型回路に変換する公式を導くには，Y 行列で同様に考えると比較的容易である．

7.6 供給電力最大の法則

右図のように，内部インピーダンスが $Z_0 = R_0 + jX_0$ の電源に，$Z_L = R_L + jX_L$ の負荷インピーダンスを接続したとき，Z_L で消費される有効電力が最大になる条件は，以下の通りである．

（1） X のみ可変：$X_L = -X_0$

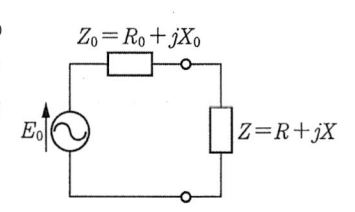

(2) R のみ可変:$R_L=\sqrt{R_0^2+(X_0+X_L)^2}$

(3) X,R とも可変:$R_L=R_0$, $X_L=-X_0$ ($Z_L=\bar{Z}_0$, $\bar{Z}_0$ は複素共役を表す)

【例題 7.6】
供給電力最大の法則を証明せよ.

〈解答例〉
まず,Z_L で消費される電力は,Z_L の両端の電圧を V_L,電流を I_L とおき,電源の位相は電力に関係ないので $E=E_0e^{j0}$ とおくと,複素電力を用いて,

$$P=\mathrm{Re}[V_L{}^*I_L]$$
$$=\mathrm{Re}\left[\left\{\frac{(R_L+jX_L)E_0}{(R_0+R_L)+j(X_0+X_L)}\right\}^*\left\{\frac{E_0}{(R_0+R_L)+j(X_0+X_L)}\right\}\right]$$
$$=\frac{RE_0{}^2}{(R_0+R_L)^2+(X_0+X_L)^2}$$

となる.よって,

(1) X_L のみ可変のとき,分母が最小のとき P が最大になるので,明らかに
$$X_L=-X_0$$

(2) R_L のみ可変のとき,R_0,R_L ともに正の値をとるので,P が最大になるのは,
$$\frac{dP}{dR_L}=\frac{-R_L{}^2+R_0{}^2+(X_L+X_0)^2}{[(R_0+R_L)^2+(X_0+X_L)^2]^2}E_0{}^2=0$$
を満たす場合である.したがって,上式の分子が 0 となればよいので,
$$R_L=\sqrt{R_0{}^2+(X_0+X_L)^2}$$

(3) R_L,X_L ともに可変のとき,X_L に関しては(1)と同様に,明らかに $X_L=-X_0$ が条件である.R_L については(2)で求めた式に $X_L=-X_0$ を代入して,
$$R_L=\sqrt{R_0{}^2+(X_0-X_0)^2}=\sqrt{R_0{}^2}=R_0$$
これらをまとめると,
$$R_L=R_0, \quad X_L=-X_0$$

すなわち，$Z_L = \overline{Z_0}$ が条件となる．

================ 演 習 問 題 ================

問 7.1 右の回路で，電流 I_1, I_2，および電圧 V_1, V_2 を求めよ．

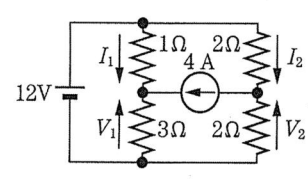

問 7.2 右の回路で，電流 I を求めよ．

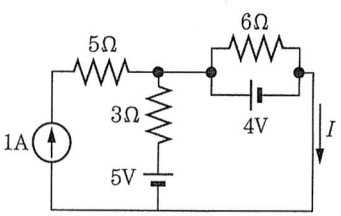

問 7.3 右の回路において，$E = 6$ V のとき，2-2′ 間の開放電圧 $V = 4$ V であった．$E = 3$ V としたとき，2-2′ 間の開放電圧 V はどのような値になるか．

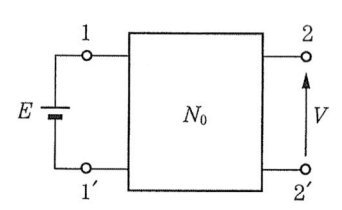

問 7.4 右の回路について，以下の問に答えよ．
(1) $E = 5$ V のとき，I_2 は 2 A であった．$E = 7$ V のときの I_2 の値を求めよ．
(2) $E = 5$ V のとき，V_2 は 1 V であった．$E = 3$ V のときの V_2 の値を求めよ．

問 7.5 線形抵抗のみからなる回路網 N_0 があり，以下のことが明らかになっている．
(1) 1-1′ 間に 12 V の電圧を印加したとき，2-2′ 間の短絡電流は 2 A であった．
(2) 2-2′ 間に 2 V の電圧を印加したとき，1-1′ 間の開放電圧は 1 V であった．
今，右図のように，1-1′ 間に 2 Ω の抵

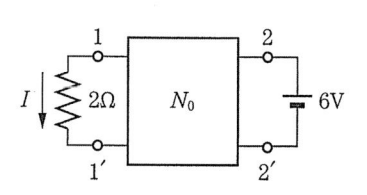

抗を接続し，2-2' 間に 6V の電圧を印加する．このとき，1-1' 間の 2Ω の抵抗に流れる電流 I を求めよ．

問 7.6 右図に示すような，1端 (2-2') が短絡されている回路網 N_0 を用いた回路において，可変抵抗 R と 2-2' 間の短絡電流 I_2 の関係を調べたところ，

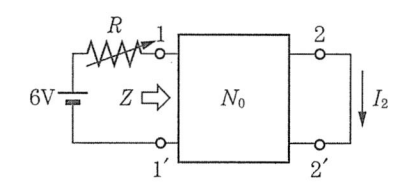

(1) $R = 1\,\Omega$ のとき，$I_2 = 2\,\mathrm{A}$
(2) $R = 6\,\Omega$ のとき，$I_2 = 1\,\mathrm{A}$

であった．1-1' より右を見たインピーダンス Z を求めよ．また，$R = 3\,\Omega$ としたときの 2-2' 間の短絡電流 I_2 を求めよ．

問 7.7 ある直流電源回路があり，その出力端に抵抗 R が接続されている．R の両端に生じる電圧を V としたとき，

$R = 5\,\Omega$ のとき，$V = 2\,\mathrm{V}$
$R = 10\,\Omega$ のとき，$V = 3\,\mathrm{V}$

であった．$R = 20\,\Omega$ としたとき，R に流れる電流 I を求めよ．

問 7.8 右の回路において，検流計 G に流れる電流 I を求めよ．ただし，検流計の内部抵抗は充分小さいものとする．

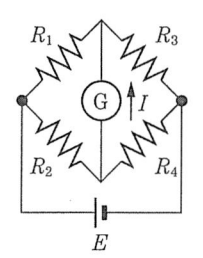

問 7.9 右の回路において，以下の設問に答えよ．

(1) 端子 1-2 間の電圧を求めよ．
(2) 端子 1-2 間に，7Ω の抵抗を接続したとき，端子 1-2 間に流れる電流を求めよ．
(3) 端子 1-2 間を短絡したとき，1-2 間に流れる電流を求めよ．

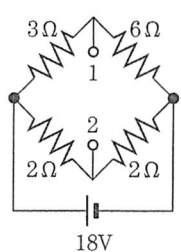

問 7.10 右の電源回路について，ノートンの等価電流源と鳳-テブナンの等価電圧源を求めよ．
ただし，

$J_0 = 5\,\mathrm{A}$
$R_1 = 5\,\Omega$

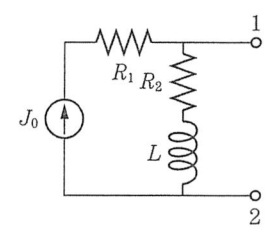

$R_2 = 2\,\Omega$

$L = 0.01\,\mathrm{H}$

であり,電流源の角周波数を 200 rad/s とする.

問 7.11 右の回路と等価な T 型回路を示せ.

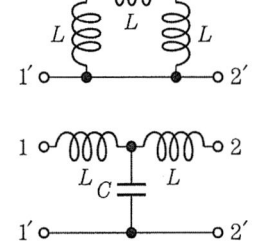

問 7.12 右の回路と等価な π 型回路を示せ.

問 7.13 右のブリッジ回路の平衡条件を求めよ.

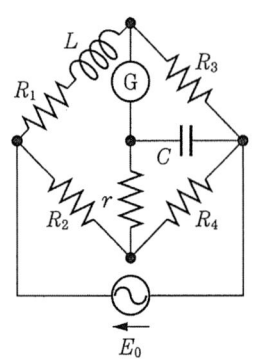

問 7.14 右の回路において,端子間の合成抵抗を求めよ.

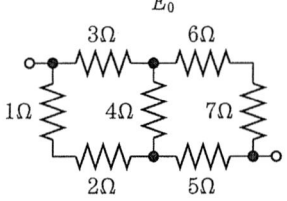

問 7.15 右の回路で,端子 1-2 間の合成抵抗を求めよ.ただし,$R_1 = R_4 = R_5 = r$,$R_2 = R_3 = 2r$ とする.

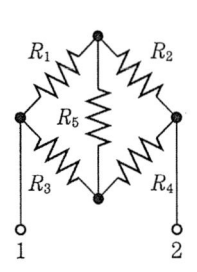

問 7.16 右の回路において，R と L が可変であるとして，R で消費される電力が最大になる R と L を求めよ．ただし，電源の角周波数を ω とする．

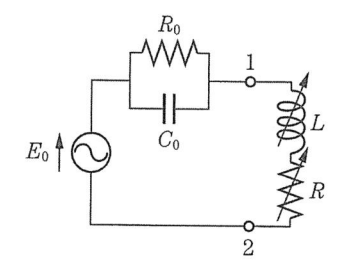

問 7.17 右の回路において，
 $L = 0.02$ H
 $R_0 = 10\,\Omega$
 $R_L = 20\,\Omega$
であり，X はリアクタンスである．R_L で消費される電力が最大となる X を求め，それを具体的な素子として示せ．また，そのときの R_L の消費電力を求めよ．なお，電源の電圧の瞬時値は，$v(t) = \sqrt{2} \cdot 100 \sin(300\,t)$ [V] と与えられるものとする．

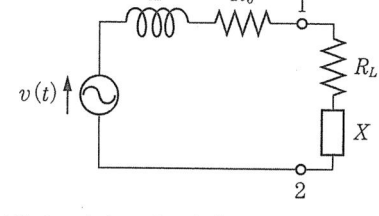

問 7.18 右の回路で，抵抗 R の消費電力が最大となる条件を求めよ．

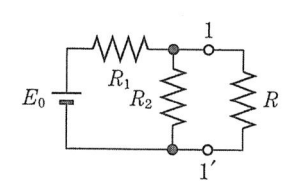

8 過渡現象

　ここまで扱ってきた回路では，意図的にスイッチを含まないように配慮し，用いる場合でも抵抗回路に限定（たとえば例題 4.1）してきた．これは，インダクタンスやキャパシタンスでは，電圧と電流の関係が時間の微積分を含む形になっているためで，これらを用いた回路では，電源が直流であってもスイッチを入れた直後の電圧・電流分布が時間的に変動し，一定の状態に落ち着くにはある程度の時間を必要とするからである．これまで扱ってきたのは，スイッチを入れて十分な時間が経過して落ち着いた状態の回路で，このような状態を**定常状態**と呼ぶ．一方，定常状態に落ち着くまでに回路に生じる変動を**過渡現象**と呼び，本章ではこれの解析法の基礎を学ぶ．過渡現象は，電気回路において実用上重要な問題であり，これを積極的に応用した回路も多数存在する．

8.1 簡単な回路の過渡現象

　過渡現象の解析は，数学的な基礎がしっかりしていれば，さほど難しくはない．これまで学んだ解析手法のうち，キルヒホッフの法則や重ね合わせの理のような諸定理は，大体そのまま利用できる．しかし，フェーザ表示やインピーダンス・アドミタンスの考え方は原則として使うことができず，各素子の電流—電圧の関係は，瞬時値 $i(t), v(t)$ を用いた

$$\text{抵抗} \quad v(t) = Ri(t), \qquad i(t) = \frac{1}{R}v(t) = Gv(t)$$

$$\text{インダクタ} \quad v(t) = L\frac{di(t)}{dt}, \qquad i(t) = \frac{1}{L}\int_{-\infty}^{t} v(t)dt$$

$$\text{キャパシタ} \quad v(t) = \frac{1}{C}\int_{-\infty}^{t} i(t)dt, \qquad i(t) = C\frac{dv(t)}{dt}$$

8.1 簡単な回路の過渡現象

によって表現しなければならない．したがって，回路方程式も瞬時値を用いて立てることになり，その結果，回路方程式は微分方程式となり，求める解も時間の関数である瞬時値ということになる．

ところで，微分方程式の解法としては，ラプラス変換の利用が大変有効である．ラプラス変換の詳細はここでは省くが，以下，過渡現象を解析する上でよ

表8.1 ラプラス変換の主要公式

公式名	ラプラス変換前	ラプラス変換後
相似定理	$f(at)$	$\dfrac{1}{a}F\left(\dfrac{s}{a}\right)$
変移定理	$f(t-a)$	$e^{-as}F(s)$
微分	$\dfrac{df(t)}{dt}$	$sF(s)-f(0)$
	$\dfrac{d^n f(t)}{dt^n}$	$s^n F(s)-s^{n-1}f(0)-s^{n-2}f'(0)$ $-\cdots\cdots -f^{(n-1)}(0)$
積分	$\displaystyle\int_0^t f(t)dt$	$\dfrac{1}{s}F(s)$
	$\displaystyle\int_0^t \int_0^t \cdots \int_0^t f(t)dt^n$	$\dfrac{1}{s^n}F(s)$
定数倍	$af(t)$	$aF(s)$
和・差	$f(t)\pm g(t)$	$F(s)\pm G(s)$

表8.2 主要な関数のラプラス変換

$f(t)$	$F(s)$	$f(t)$	$F(s)$
$\delta(t)$	1	$t^n e^{-at}$	$\dfrac{n!}{(s+a)^{n+1}}$
$u(t)$	$\dfrac{1}{s}$	$\sin(at)$	$\dfrac{a}{s^2+a^2}$
1（定数）	$\dfrac{1}{s}$	$\cos(at)$	$\dfrac{s}{s^2+a^2}$
$\dfrac{t^{n-1}}{(n-1)!}$	$\dfrac{1}{s^n}$	$\sinh(at)$	$\dfrac{a}{s^2-a^2}$
e^{-at}	$\dfrac{1}{s+a}$	$\cosh(at)$	$\dfrac{s}{s^2-a^2}$

表8.3 覚えておくと便利なラプラス変換

$f(t)$	$F(s)$	$f(t)$	$F(s)$
$\dfrac{1}{a}(1-e^{-at})$	$\dfrac{1}{s(s+a)}$	$e^{-at}\sin(\omega t)$	$\dfrac{\omega}{(s+a)^2+\omega^2}$
$\dfrac{1}{a^2}(e^{-at}+at-1)$	$\dfrac{1}{s^2(s+a)}$	$e^{-at}\cos(\omega t)$	$\dfrac{s+a}{(s+a)^2+\omega^2}$
$\dfrac{1}{a^2}[1-\cos(at)]$	$\dfrac{1}{s(s^2+a^2)}$	$e^{-at}\sinh(bt)$	$\dfrac{b}{(s+a)^2-b^2}$
$\dfrac{1}{a^3}[at-\sin(at)]$	$\dfrac{1}{s^2(s^2+a^2)}$	$e^{-at}\cosh(bt)$	$\dfrac{s+a}{(s+a)^2-b^2}$

く用いられるラプラス変換公式をまとめておく.ただし,これらの表で,ラプラス変換前の関数を$f(t),g(t)$,各々のラプラス変換を$F(s),G(s)$とし,a,b,ωは実定数,$\delta(t)$は単位インパルス,$u(t)$は単位ステップ関数である.

これらの諸表のうち,表8.1,8.2は,記憶しておくべき公式である.表8.3は覚えておくと便利であるが,前表より導くことはさほど困難ではない.

【例題 8.1】
右のRC直列回路において,$t=0$でスイッチSを閉じたときの電流$i(t)$の時間変化の様子を表す式を導け.ただし,Sが閉じられる前にCに蓄えられていた電荷をq_0とし,黒点側が正であるとする.

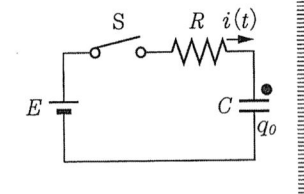

〈解答例〉

Sを閉じた後の時刻tの回路について,回路方程式を立てると,

$$Ri(t)+\frac{1}{C}\int_{-\infty}^{t}i(t)dt=E$$

である.$i(t)$のラプラス変換を$I(s)$とし,また,

$$\int_{-\infty}^{t}i(t)dt=\int_{-\infty}^{0}i(t)dt+\int_{0}^{t}i(t)dt=q_0+\int_{0}^{t}i(t)dt$$

8.1 簡単な回路の過渡現象

であることに注意して，上の方程式をラプラス変換すると，

$$RI(s) + \frac{1}{C}\left[\frac{q_0}{s} + \frac{I(s)}{s}\right] = \frac{E}{s}$$

整理して $I(s)$ を求めると，

$$I(s) = \frac{E/s - q_0/(Cs)}{R + 1/(Cs)} = \frac{E/R - q_0/(RC)}{s + 1/(RC)}$$

ラプラス逆変換すると，

$$i(t) = \left(\frac{E}{R} - \frac{q_0}{RC}\right) e^{-\frac{t}{RC}}$$

〈別解〉

この程度の簡単な回路は，普通の微分方程式の解法を用いても，容易に答を得ることができる．回路方程式

$$Ri(t) + \frac{1}{C}\int_{-\infty}^{t} i(t)dt = E$$

を，積分を含まない形に直すため，

$$i(t) = \frac{dq(t)}{dt}, \quad \int_{-\infty}^{t} i(t)dt = q(t)$$

の関係を用いて，C に蓄えられる電荷 $q(t)$ の微分方程式に書き改めると，

$$R\frac{dq(t)}{dt} + \frac{1}{C}q(t) = E$$

斉次解（つまり $E=0$ としたときの解）$q_f(t)$ を求めると，

$$R\frac{dq_f(t)}{dt} + \frac{1}{C}q_f(t) = 0$$

$$\frac{1}{q_f(t)}\frac{dq_f(t)}{dt} = -\frac{1}{RC}$$

辺々積分して（ただし，斉次解を求めるのが目的なので積分定数は省略する），

$$\ln|q_f(t)| = -\frac{t}{RC} \quad \text{すなわち} \quad q_f(t) = e^{-\frac{t}{RC}}$$

特解（定常解）$q_p(t)$ は，この回路が直流回路であることに留意すると，定常状態では C は開放と等価になり，電源電圧が C の両端に集中することから

$$q_p(t) = CE$$

したがって，一般解は，
$$q(t) = Aq_f(t) + q_p(t) = Ae^{-\frac{t}{RC}} + CE$$

初期条件 $(q(0) = q_0)$ を上式にあてはめて，A を求めると，
$$A + CE = q_0 \quad \text{すなわち，} \quad A = q_0 - CE$$

したがって，
$$q(t) = (q_0 - CE)e^{-\frac{t}{RC}} + CE$$

求める電流は
$$i(t) = \frac{q(t)}{dt} = (q_0 - CE) \cdot \left(-\frac{1}{RC}\right)e^{-\frac{t}{RC}} = \left(\frac{E}{R} - \frac{q_0}{RC}\right)e^{-\frac{t}{RC}}$$

【例題 8.2】

右の RLC 直列回路において，$t=0$ でスイッチ S を閉じたときの電流 $i(t)$ の時間変化の様子を表す式を導け．ただし，コンデンサ C には初期電荷がないものとする．

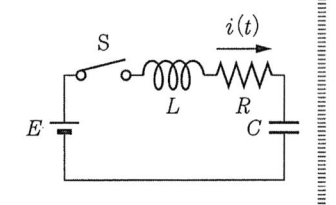

〈解答例〉

S を閉じた後の時刻 t の回路について，回路方程式を立てると，
$$L\frac{di(t)}{dt} + Ri(t) + \frac{1}{C}\int_{-\infty}^{t} i(t)dt = E$$

である．$i(t)$ のラプラス変換を $I(s)$ とし，また，初期電荷がない $(q_0 = 0)$ ので
$$\int_{-\infty}^{t} i(t)dt = \int_{-\infty}^{0} i(t)dt + \int_{0}^{t} i(t)dt = q_0 + \int_{0}^{t} i(t)dt = \int_{0}^{t} i(t)dt$$

かつ，$i(0) = 0$ であることに注意して方程式をラプラス変換すると，
$$LsI(s) + RI(s) + \frac{1}{Cs}I(s) = \frac{E}{s}$$

整理して $I(s)$ を求めると，

$$I(s) = \frac{E}{Ls^2 + Rs + \dfrac{1}{C}} = \frac{E}{L} \cdot \frac{1}{s^2 + \left(\dfrac{R}{L}\right)s + \dfrac{1}{LC}}$$

となる．ところで，

$$F(s) = \frac{1}{s^2 + bs + c}$$

の形の関数の逆ラプラス変換は，2次方程式 $s^2 + bs + c = 0$ が，どのような解を持つかによって異なる．$I(s)$ の式をさらに整理すると，

$$I(s) = \frac{E}{L} \cdot \frac{1}{\left(s + \dfrac{R}{2L}\right)^2 + \left(\dfrac{1}{LC} - \dfrac{R^2}{4L^2}\right)}$$

したがって，ラプラス逆変換して得られる答には，以下の3通りの場合がある．

（1） $\dfrac{1}{LC} < \dfrac{R^2}{4L^2}$ のとき（s が異なる2実根を持つ場合）

$$i(t) = \frac{E}{\sqrt{(R/2)^2 - (L/C)}} e^{-\frac{R}{2L}t} \sinh\left(\sqrt{\frac{R^2}{4L^2} - \frac{1}{LC}} \cdot t\right)$$

（2） $\dfrac{1}{LC} = \dfrac{R^2}{4L^2}$ のとき（s が重根を持つ場合）

$$i(t) = \frac{E}{L} t e^{-\frac{R}{2L}t}$$

（3） $\dfrac{1}{LC} > \dfrac{R^2}{4L^2}$ のとき（s が共役な複素根を持つ場合）

$$i(t) = \frac{E}{\sqrt{(L/C) - (R/2)^2}} e^{-\frac{R}{2L}t} \sin\left(\sqrt{\frac{1}{LC} - \frac{R^2}{4L^2}} \cdot t\right)$$

8.2 伝達関数

全ての初期条件が0であるとき，ある入力（励振）$f(t)$ に対して，出力（応答）の $g(t)$ が得られたとする．このとき，出力のラプラス変換 $G(s)$ と入力のラプラス変換 $F(s)$ の比を**伝達関数**（あるいは回路網関数）と呼ぶ．伝達関数は，簡易的には，回路が定常状態にあるときの出力と入力の比をイン

ピーダンス，アドミタンスを用いて求め，$j\omega$ を s で置き換えることにより容易に得ることができる．したがって，比較的複雑な回路の過渡現象を求めるときに，便利である．

【例題 8.3】
　右の回路において，入力を $v(t)$，出力を $i(t)$ として伝達関数を求めよ．

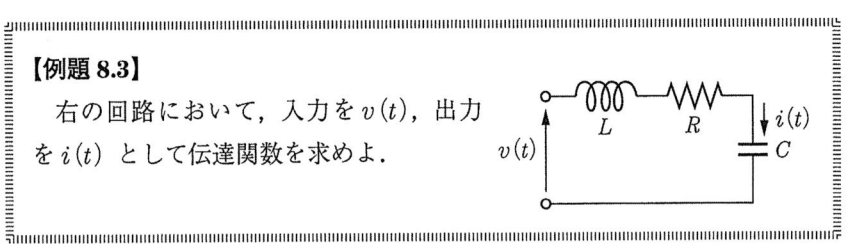

〈解答例〉
　$v(t), i(t)$ のフェーザを V, I と置くと，定常状態では，

$$V = j\omega L I + RI + \frac{1}{j\omega C} I$$

なので，I/V を求めると，

$$\frac{I}{V} = \frac{1}{j\omega L + R + \dfrac{1}{j\omega C}}$$

$j\omega$ を s で置き換えると

$$\frac{I(s)}{V(s)} = \frac{1}{Ls + R + \dfrac{1}{Cs}} = \frac{s}{Ls^2 + Rs + \dfrac{1}{C}}$$

が，求める伝達関数である．
　なお，例題 8.2 と同様の入力とするために，$v(t) = Eu(t)$ とすると，$V(s) = E/s$ なので，

$$I(s) = \frac{s}{Ls^2 + Rs + \dfrac{1}{C}} \cdot \frac{E}{s} = \frac{E}{L} \cdot \frac{1}{s^2 + \left(\dfrac{R}{L}\right)s + \dfrac{1}{LC}}$$

となり，例題 8.2 と同様の式が得られることがわかる．

演習問題

問 8.1 右の RC 直列回路において，$t=0$ でスイッチ S を閉じたときの抵抗 R とコンデンサ C 各々の両端間電圧 $v_R(t), v_C(t)$ および C に蓄えられている電荷 $q(t)$ の時間変化の様子を表す式を導け．ただし，S が閉じられる前に C に蓄えられていた電荷を q_0 とする．

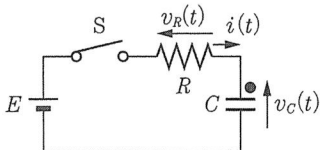

問 8.2 右の RL 直列回路において，$t=0$ でスイッチ S を閉じたときの電流 $i(t)$ の時間変化の様子を表す式を導け．また，R と L の各々の両端間電圧 $v_R(t), v_L(t)$ の時間変化の様子を表す式を導け．

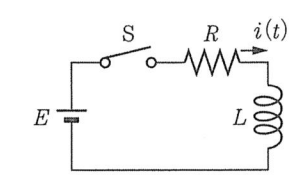

問 8.3 右の回路において，$t<0$ のときスイッチ S が開かれており，$t=0$ でスイッチが閉じられる．以下の問に答えよ．
(1) $t<0$ では，$i(t)$ は定常状態にある．このときの $i(t)$ を求めよ．
(2) $t>0$ における $i(t)$ の変化の様子を表す式を求めよ．

問 8.4 右の回路で，$t=0$ でスイッチ S を 1 の側に入れ，次に $t=t_1$ で S を 2 の側に入れた．コンデンサ C の両端の電圧 $v_C(t)$ と抵抗 R_L に流れる電流 $i(t)$ の変化の様子を表す式を求めよ．ただし，コンデンサ C は，$t=0$ で初期電荷を持たないものとする．

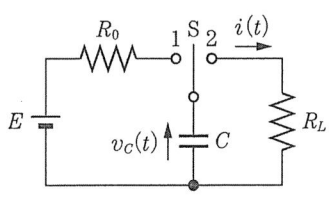

問 8.5 右の回路で，$t<0$ のときスイッチ S が開かれており，$t=0$ でスイッチが閉じられるものとする．$t>0$ における $i(t)$ と $v_C(t)$ の変化の様子を表す式を求めよ．ただし，コンデンサ C は，$t=0$ で初期電荷を持たないものとする．

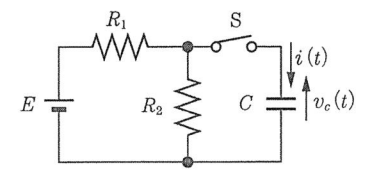

問 8.6 右の回路で，コンデンサ C には初期電荷 q_0 が蓄えられているものとする．$t=0$ でスイッチ S を閉じたときの電流 $i(t)$ の時間変化の様子を表す式を導け．

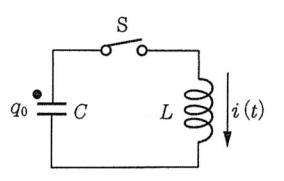

問 8.7 右の回路において，
(1) 励振を電源電圧 E_0，応答を電圧 $v(t)$ として，伝達関数を求めよ．
(2) $t=0$ でスイッチSを閉じたときの，$v(t)$ の変化の様子を表す式を求めよ．ただし，2つのコンデンサにはいずれも初期電荷がないものとする．

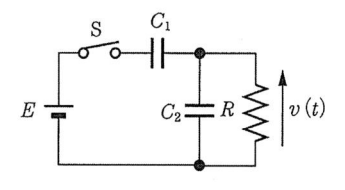

問 8.8 下図 (a) の RC 微分回路において，励振 $e(t)$ が，下図 (b) のような方形パルスであるとき，抵抗 R の両端の電圧 $v_R(t)$ の応答波形を求めよ．ただし，方形パルスの幅 $T \gg RC$ であり，また，$t=0$ において，コンデンサ C に初期電荷はないものとする．

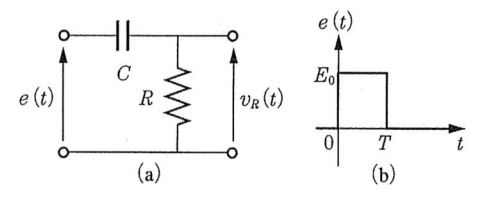

問 8.9 下図の回路に関して以下の問に答えよ．ただし，$L_1 L_2 - M^2 = 0$ であるものとする．
(1) 入力電圧 $v_i(t)$ と出力電圧 $v_o(t)$ の間の伝達関数を求めよ．
(2) 入力電圧 $v_i(t)$ と抵抗 R_1 に流れる電流 $i(t)$ の間の伝達関数を求めよ．
(3) 入力電圧 $v_i(t) = Eu(t)$ のとき，$v_o(t)$ と $i(t)$ を求めよ．

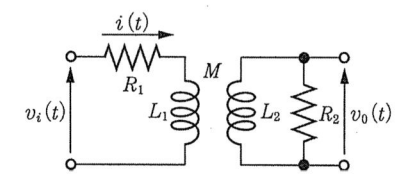

演習問題解答例

問 1.1

周期 T [s] と周波数 f [Hz] の間には，$T=1/f$ の関係があるので（公式として覚えること），答は各々

(a) $T=1/(500\times 10^3)=2\times 10^{-6}$ [s] $=2$ [μs]

(b) $T=1/(20\times 10^6)=5\times 10^{-8}$ [s] $=50$ [ns]

(c) $T=1/40=25\times 10^{-3}$ [s] $=25$ [ms]

(d) $T=1/(2.5\times 10^9)=4\times 10^{-10}$ [s] $=0.4$ [ns] $=400$ [ps]

問 1.2

周波数 f [Hz] と周期 T [s] の間には，$f=1/T$ の関係があるので，答は各々

(a) $f=1/(200\times 10^{-3})=5$ [Hz]

(b) $f=1/(0.5\times 10^{-9})=2\times 10^9$ [Hz] $=2$ [GHz]

(c) $f=1/0.01=100$ [Hz]

(d) $f=1/(4\times 10^{-6})=2.5\times 10^5$ [Hz] $=250$ [kHz] $=0.25$ [MHz]

問 1.3

角周波数 ω [rad/s] と周波数 f [Hz] の間には，$\omega=2\pi f$ の関係があるので，答は各々

(a) $\omega=2\pi\times 100=200\pi=628$ [rad/s]

(b) $\omega=2\pi\times(2\times 10^3)=4000\pi=1.26\times 10^4$ [rad/s]

(c) $\omega=2\pi\times(50\times 10^6)=(1\times 10^8)\pi=3.14\times 10^8$ [rad/s]

(d) $\omega=2\pi\times(10\times 10^9)=(2\times 10^{10})\pi=6.28\times 10^{10}$ [rad/s]

問 1.4

角周波数 ω [rad/s] と周期 T [s] の間には，$\omega=2\pi/T$ の関係があるので，答は各々

(a) $\omega=2\pi/0.02=100\pi=314$ [rad/s]

(b) $\omega=2\pi/(50\times 10^{-3})=40\pi=126$ [rad/s]

(c) $\omega=2\pi/(4\times 10^{-6})=(5\times 10^5)\pi=1.57\times 10^6$ [rad/s]

(d) $\omega=2\pi/(10\times 10^{-9})=(2\times 10^8)\pi=6.28\times 10^8$ [rad/s]

問 1.5

(1) 正弦波交流において，実効値 V_e と最大値 V_M の間には，$V_M=\sqrt{2}\,V_e$ の関係が

あるので，
$$V_M = \sqrt{2} \times 100 = 141 \quad [\text{V}]$$

（2） 前問の逆の計算を行えばよく，
$$V_e = V_M/\sqrt{2} = 7/\sqrt{2} = 4.95 \quad [\text{V}]$$

（3） 正弦波交流において，絶対平均値 I_a と最大値 I_M の間には，$I_a = 2I_M/\pi$ の関係があり，実効値 I_e と最大値 I_M の間には，$I_e = I_M/\sqrt{2}$ の関係があるので，両式より I_M を消去すると，
$$I_a = \frac{2}{\pi} \cdot \sqrt{2} I_e.$$

数値を代入して
$$I_a = \frac{2}{\pi} \sqrt{2}\, 4 = 3.6 \quad [\text{A}]$$

（4） 前問と逆の計算をすればよいので，
$$I_e = \frac{\pi}{2\sqrt{2}} I_a = \frac{\pi 2}{2\sqrt{2}} = 2.22 \quad [\text{A}]$$

問 1.6

瞬時値 $i(t)$ を表す式を得るには，図の波形から，最大値 I_M，角周波数 ω，位相角 θ を求めなければならない．最大値 I_M は，図より直接読み取ることができ，
$$I_M = 10 \quad [\text{A}]$$
である．また，図より周期 T が
$$T = 27.5 - 7.5 = 20 \quad [\text{ms}]$$
と，読み取られるので，周波数 f は，
$$f = \frac{1}{T} = \frac{1}{20 \times 10^{-3}} = 50 \quad [\text{Hz}]$$
となり，角周波数 ω は，
$$\omega = 2\pi f = 2 \times 50 \times \pi = 100\pi \cong 314 \quad [\text{rad/s}]$$
と求められる（もちろん，$\omega = 2\pi/T$ により周期から直接計算してよい）．また，図より，原点 ($t=0$) に最も近い sin 関数の開始時刻 t_0 は，
$$t_0 = 17.5 - T = 17.5 - 20 = -2.5 \quad [\text{ms}]$$
と求められるので，$t = t_0$ では $\omega t_0 + \theta = 0$ となることを用いて
$$\theta = -\omega t_0 = -100\pi \times (-2.5 \times 10^{-3}) = 0.25\pi = \pi/4 \quad [\text{rad}]$$
これらの値を用いると，瞬時値は

$$i(t)=I_M\sin(\omega t+\theta)=10\sin(100\pi t+\pi/4)\quad[\text{V}]$$

となる．

問 1.7

基本的な考え方は，問 1.6 の解答例を参照のこと．

(a) 最大値 V_M は，図より直接 $V_M=50[\text{V}]$，
実効値 V_e は，公式より $V_e=V_M/\sqrt{2}=50/\sqrt{2}=35.4[\text{V}]$，
周期 T は，図より $T=60-20[\text{ms}]=0.04[\text{s}]$，
周波数 f は，公式より $f=1/T=1/0.04=25[\text{Hz}]$，
角周波数 ω は，公式より $\omega=2\pi f=2\pi\times 25=50\pi=157[\text{rad/s}]$，
位相角 θ は，図より明らかに $\theta=0[\text{rad}]$，
瞬時値を表す式は，これらの値を用いて
$$v(t)=V_M\sin(\omega t+\theta)=50\sin(50\pi t)\quad[\text{V}]$$

と求まる．

(b) 最大値 V_M は，図より直接 $V_M=15[\text{V}]$，
実効値 V_e は，公式より $V_e=V_M/\sqrt{2}=15/\sqrt{2}=10.6[\text{V}]$，
周期 T は，図より $T=0.5-0.1=0.4[\text{s}]$，
周波数 f は，公式より $f=1/T=1/0.4=2.5[\text{Hz}]$，
角周波数 ω は，公式より $\omega=2\pi f=2\pi\times 2.5=5\pi=15.7[\text{rad/s}]$，
位相角 θ は，sin 関数が始まる原点に最も近い時刻 t_0 が，
$$t_0=0.3-0.4=-0.1\quad[\text{s}]$$
なので，
$$\theta=-\omega t_0=-5\pi\times(-0.1)=0.5\pi=\pi/2\quad[\text{rad}],$$
瞬時値を表す式は，これらの値を用いて
$$v(t)=V_M\sin(\omega t+\theta)=15\sin(5\pi t+\pi/2)\quad[\text{V}]$$

と求められる．

(c) 最大値 V_M は，図より直接 $V_M=1[\text{V}]$，
実効値 V_e は，公式より $V_e=V_M/\sqrt{2}=1/\sqrt{2}=0.71[\text{V}]$，
周期 T は，図より $T=16-4=12[\mu\text{s}]=1.2\times 10^{-5}[\text{s}]$，
周波数 f は，
$$f=1/T=1/(1.2\times 10^{-5})=\frac{5}{6}\times 10^5=8.3\times 10^4[\text{Hz}]=83[\text{kHz}]$$

角周波数 ω は，公式より

$$\omega = 2\pi f = 2\pi \times \left(\frac{5}{6} \times 10^5\right) = \frac{5}{3}\pi \times 10^5 = 5.24 \times 10^5 \quad [\text{rad/s}],$$

位相角 θ は，sin 関数が始まる原点に最も近い時刻 t_0 が

$$t_0 = 10 - 12 = -2[\mu\text{s}] = -2 \times 10^{-6}[\text{s}]$$

なので，

$$\theta = -\omega t_0 = -\left(\frac{5}{3}\pi \times 10^5\right) \times (-2 \times 10^{-6}) = \pi/3 \quad [\text{rad}],$$

瞬時値を表す式は，これらの値を用いて

$$v(t) = V_M \sin(\omega t + \theta) = 1 \sin\left[\left(\frac{5}{3}\pi \times 10^5\right)t + \pi/3\right] \quad [\text{V}]$$

と求められる．

問 1.8

最初の1周期分について瞬時値 $v(t)$ を数式で示すと，周期 T は 4 s なので，

$$v(t) = \begin{cases} 2 \quad [\text{V}] & (0 \leq t \leq 2) \\ -1 \quad [\text{V}] & (2 \leq t \leq 4) \end{cases}$$

となる．したがって，実効値 V_e と絶対平均値 V_a は，各々

$$V_e = \sqrt{\frac{1}{T}\int_0^T v^2(t)dt} = \sqrt{\frac{1}{4}\left[\int_0^2 2^2 dt + \int_2^4 (-1)^2 dt\right]}$$

$$= \sqrt{\frac{1}{4}[2^2 \times 2 + (-1)^2 \times (4-2)]} = \sqrt{\frac{5}{2}} = 1.58 \quad [\text{V}]$$

$$V_a = \frac{1}{T}\int_0^T |v(t)|dt = \frac{1}{4}\left[\int_0^2 |2|dt + \int_2^4 |-1|dt\right]$$

$$= \frac{1}{4}[2 \times 2 + 1 \times (4-2)] = \frac{6}{4} = 1.5 \quad [\text{V}]$$

と求まる．次に，直流分 V_0 を求める．$v(t) = v_{AC}(t) + V_0$ であり，交流分 $v_{AC}(t)$ は平均値が 0 なので，

$$\frac{1}{T}\int_0^T v_{AC}(t)dt = \frac{1}{T}\int_0^T [v(t) - V_0]dt$$

$$= \frac{1}{4}[(2-V_0) \times 2 + (-1-V_0) \times (4-2)] = 0$$

すなわち，最終的に次の方程式が得られ，

$$2 - 4V_0 = 0$$

$$V_0 = \frac{1}{2} = 0.5 \quad [\text{V}]$$

と求められる.

問 1.9

（1） 抵抗 $R\,[\Omega]$

$$v(t) = Ri(t) = RI_M \sin(\omega t + \theta)$$

すなわち，最大値は $V_M = RI_M$ であり，位相角は θ で電流と同じである．

（2） 容量 $C\,[\text{F}]$

$$v(t) = \frac{1}{C} \int i(t)\,dt = \frac{I_M}{C} \int \sin(\omega t + \theta)\,dt = \frac{I_M}{C} \left[-\frac{1}{\omega} \cos(\omega t + \theta) \right]$$

$$= \frac{I_M}{\omega C} \sin(\omega t + \theta - \pi/2)$$

すなわち，電圧の最大値は $V_M = I_M/(\omega C)$ となり，位相角は $\theta - \pi/2$ で，電流より位相が $\pi/2\,[\text{rad}]$ 遅れている．

（3） インダクタンス $L\,[\text{H}]$

$$v(t) = \frac{L\,di(t)}{dt} = LI_M \frac{d}{dt} \sin(\omega t + \theta) = LI_M \omega \cos(\omega t + \theta)$$

$$= \omega LI_M \sin(\omega t + \theta + \pi/2)$$

すなわち，電圧の最大値は $V_M = \omega LI_M$ となり，位相角は $\theta + \pi/2$ で，電流より位相が $\pi/2\,[\text{rad}]$ 進んでいる．

問 1.10

与えられた波形の周期 T は 4 ns であり，最初の 1 周期分について，電流の瞬時値を数式で表現すれば，

$$\begin{cases} i(t) = 1 \quad [\text{A}] & (0 \leq t \leq 2 \quad [\text{ns}]) \\ i(t) = -1 \quad [\text{A}] & (2 \leq t \leq 4 \quad [\text{ns}]) \end{cases}$$

となる．

（1） 絶対平均値については，あえて計算しなくても，図よりすぐに答が得られるが，念のため計算も示す．

$$I_A = \frac{1}{T} \int_0^T |i(t)|\,dt = \frac{1}{4} \left(\int_0^2 |1|\,dt + \int_2^4 |-1|\,dt \right) = \frac{1}{4}(2+2) = 1 \quad [\text{A}]$$

（2） 実効値

$$I_e = \sqrt{\frac{1}{T}\int_0^T i^2(t)dt} = \sqrt{\frac{1}{4}\left[\int_0^2 1^2 dt + \int_2^4 (-1)^2 dt\right]} = \sqrt{\frac{1}{4}(2+2)} = 1 \quad [\text{A}]$$

（3） 抵抗 $R=10\,\Omega$ の両端の電圧波形は，

$$v(t) = Ri(t)$$

なので，先に求めた電流の瞬時値を代入して

$$\begin{cases} v(t) = 10 & [\text{V}] \quad (0 \leq t \leq 2 \; [\text{ns}]) \\ v(t) = -10 & [\text{V}] \quad (2 \leq t \leq 4 \; [\text{ns}]) \end{cases}$$

以下，同様のパターンの繰り返しとなるので，下図の波形を得る．

（4） 容量 $C=100\,\text{pF}$ のコンデンサの両端の電圧波形は，$t=0$ におけるコンデンサの電荷が 0 であることを考慮すると，

$$v(t) = \frac{1}{C}\int_0^t i(t)dt$$

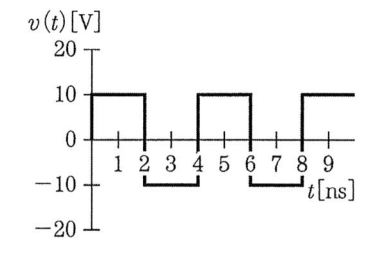

により求められる．先に求めた電流の瞬時値を代入すると

$$\begin{cases} v(t) = \dfrac{1}{100\times 10^{-12}}\int_0^t 1\,dt' = 10^{10}t \quad [\text{V}] & (0 \leq t \leq 2 \; [\text{ns}]) \\ v(t) = \dfrac{1}{100\times 10^{-12}}\left(\int_0^{2[\text{ns}]} 1\,dt + \int_{2[\text{ns}]}^t (-1)\,dt'\right) = 10^{10}(4\times 10^{-9}-t) \quad [\text{V}] \\ \hfill (2 \leq t \leq 4 \; [\text{ns}]) \end{cases}$$

〈参考〉 主な時刻の電圧 $v(0)=0\,\text{V}$, $v(2\,\text{ns})=20\,\text{V}$, $v(4\,\text{ns})=0\,\text{V}$

以下，同様のパターンが続くので，下図の波形が得られる．

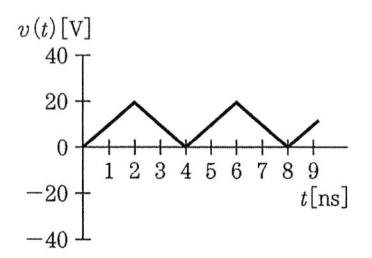

問 1.11

インダクタンスが L のコイルの両端に発生する電圧は，

である.

$$v(t) = L \frac{di(t)}{dt}$$

である．与えられた波形の電流の変化は直線的なので，電流の時間に対する変化率 $\Delta i(t)/\Delta t$ を図から読み取れば，

$$v(t) = L \times \frac{\Delta i(t)}{\Delta t}$$

により両端の電圧を計算することができる．電流の変化率を，最初の1周期分について示すと，

$$\begin{cases} \Delta i(t)/\Delta t = 10^3 \quad [\text{A/s}] \quad (0 \leq t \leq 1, 5 \leq t \leq 6) \\ \Delta i(t)/\Delta t = 0 \quad [\text{A/s}] \quad (1 \leq t \leq 2, 4 \leq t \leq 5) \\ \Delta i(t)/\Delta t = -10^3 \quad [\text{A/s}] \quad (2 \leq t \leq 4) \end{cases}$$

となるので，これらの値と $L = 2 \times 10^{-3}$ H よりコイルの両端の電圧を計算すると，下図の波形が得られる．

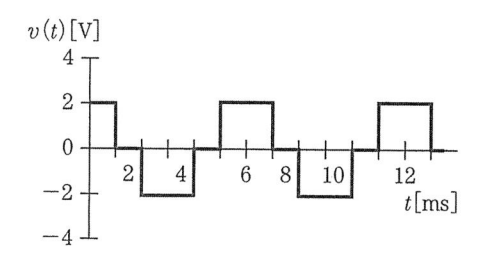

問2.1

節点1から5について，各節点ごとにキルヒホッフの第1法則（電流則）を用いると，以下の方程式が得られる．

節点1：$I_6 = I_4 + 1$ (1)

節点2：$I_1 + I_4 = 2$ (2)

節点3：$I_1 + I_3 = I_2$ (3)

節点4：$I_3 + 1 = I_5 + 4$ (4)

節点5：$I_5 = I_6 + 3$ (5)

節点6と7は等電位で1つの節点と見なせるので，まとめて方程式を立てると，

$$I_2 = 2 + 4 + 3 = 9 \quad [\text{A}]$$

と，まず，I_2 が得られる．また，$I_6 = 2$ A と与えられているので，

式(1)より：$I_4 = I_6 - 1 = 2 - 1 = 1$ [A]

式(5)より：$I_5 = I_6 + 3 = 2 + 3 = 5$ [A]

さらに

式(2)より：$I_1 = 2 - I_4 = 1$ [A]

式(4)より：$I_3 = I_5 + 4 - 1 = 5 + 4 - 1 = 8$ [A]

と，各電流の値が求まる．なお，方程式(3)は使用しないが，上の値を代入すると満足されていることがわかり，検算に用いることができる．

問2.2

下図のように，各閉路について，電圧則から方程式を立てる．

閉路1：$V_1 - V_3 + 2 - 1 = 0$	(1)
閉路2：$V_2 + V_4 + 1 = 0$	(2)
閉路3：$V_3 - V_5 + 3 = 0$	(3)
閉路4：$V_5 - 2 - 5 = 0$	(4)
閉路5：$-V_4 + 5 - 2 = 0$	(5)

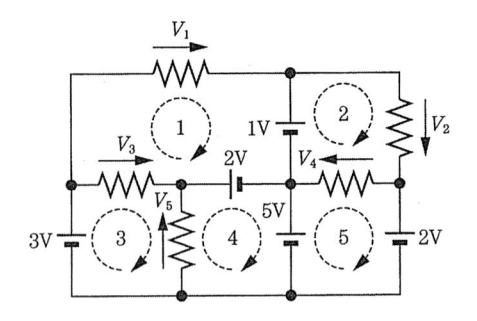

まず，

式(4)より　$V_5 = 7$ [V]

式(5)より　$V_4 = 3$ [V]

これらの値を式(2),(3)に代入して解くと，

$V_2 = -V_4 - 1 = -3 - 1 = -4$ [V]

$V_3 = V_5 - 3 = 7 - 3 = 4$ [V]

さらに得られたV_3の値を式(1)に代入して解くと

$V_1 = V_3 - 1 = 4 - 1 = 3$ [V]

ここで，V_2は負なので，図の矢印とは逆の方向に電圧がかかっていることがわかる．

問 2.3

右図の矢印に沿って，矢印と同方向の電圧を正，逆方向を負として，オームの法則を用いて，図の閉路の枝電圧の和をとると，キルヒホッフの電圧則より，

$$E_1 - R_1 I_1 - R_3 I_3 + R_2 I_2 - E_2 + R_4 I_4 = 0$$

数値を代入して

$$6 - 10 \times 0.2 - 5 I_3 + 6 \times 0.5 - 3 + 2 \times 1 = 0$$
$$5 I_3 = 6$$

よって

$$I_3 = 6/5 = 1.2 \quad [\text{A}]$$

問 2.4

各節点ごとにキルヒホッフの第1法則（電流則）を用いると，以下の方程式が得られる．

$$I_1 + 3 = 10 \tag{1}$$
$$I_3 + 2 = I_1 \tag{2}$$
$$I_6 + 7 = I_3 + 3 \tag{3}$$
$$I_7 + 4 = I_6 + 2 \tag{4}$$
$$I_9 = I_7 + 7 \tag{5}$$
$$I_{10} = I_9 + 4 \tag{6}$$

式(1)を解くと，$I_1 = 10 - 3 = 7 [\text{A}]$

この値を式(2)に代入して解くと，$I_3 = I_1 - 2 = 7 - 2 = 5 [\text{A}]$

この値を式(3)に代入して解くと，$I_6 = I_3 + 3 - 7 = 5 + 3 - 7 = 1 [\text{A}]$

この値を式(4)に代入して解くと，$I_7 = I_6 + 2 - 4 = 1 + 2 - 4 = -1 [\text{A}]$

この値を式(5)に代入して解くと，$I_9 = I_7 + 7 = -1 + 7 = 6 [\text{A}]$

この値を式(6)に代入して解くと，$I_{10} = I_9 + 4 = 6 + 4 = 10 [\text{A}]$

と，各電流を順次求めることができる．

ここで，I_7 は，負なので，図の矢印とは逆の方向に電流が流れることがわかる．なお，$I_{10} = 10 \text{A}$ は，電流の総量は保存されることから $I_{10} = I_0$ となることから求めてもよい．

問 2.5

キルヒホッフの第2法則（電圧則）より

$$E_1 - V_1 + V_2 - E_2 = 0$$

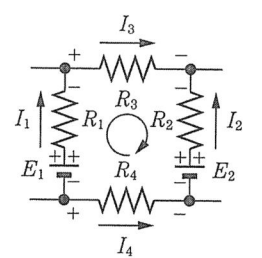

また，オームの法則より
$$V_1 = R_1 I$$
$$V_2 = -R_2 I$$
が得られる．以上3式を連立方程式として解き，電流 I を求めると
$$E_1 - R_1 I - R_2 I - E_2 = 0$$
$$I = \frac{E_1 - E_2}{R_1 + R_2} = \frac{5-2}{10+5} = \frac{1}{5} = 0.2 \quad [\text{A}]$$
となるので，オームの法則より V_1, V_2 は
$$V_1 = R_1 I = 10 \times 0.2 = 2 \quad [\text{V}]$$
$$V_2 = -R_2 I = -5 \times 0.2 = -1 \quad [\text{V}]$$
と求められる．次に，V_3 は，電圧則より
$$E_1 - V_1 - V_3 = 0$$
$$V_3 = E_1 - V_1 = 5 - 2 = 3 \quad [\text{V}]$$
と求められる．

なお，V_3 はについては，$-E_2 + V_2 + V_3 = 0$ より
$$V_3 = E_2 - V_2 = 2 - (-1) = 3 \quad [\text{V}]$$
として求めてもよい．

問 2.6

端子 1-2 間に流れる電流を I とおく．1-2 間には分岐路がないので，全抵抗に等しく I が流れる．したがって，オームの法則より，
$$V_1 = R_1 I, \qquad V_2 = R_2 I, \qquad V_3 = R_3 I$$
一方，キルヒホッフの第2法則（電圧則）より
$$V = V_1 + V_2 + V_3 = R_1 I + R_2 I + R_3 I = (R_1 + R_2 + R_3) I$$
この方程式より I を求めると
$$I = \frac{V}{R_1 + R_2 + R_3}$$
となるので，これを先にオームの法則より得られた一連の式に代入すると，
$$V_1 = R_1 I = \frac{R_1}{R_1 + R_2 + R_3} V$$
$$V_2 = R_2 I = \frac{R_2}{R_1 + R_2 + R_3} V$$

$$V_3 = R_3 I = \frac{R_3}{R_1+R_2+R_3} V$$

と，各抵抗にかかる分圧が求められる．

問 2.7

端子1-2間の電圧を V とおくと，各抵抗の両端は入力端子に直結されているので，各抵抗には V がそのまま印加される．したがって，オームの法則より，

$$I_1 = V/R_1, \qquad I_2 = V/R_2, \qquad I_3 = V/R_3$$

となる．一方，キルヒホッフの第1法則（電流則）より

$$I = I_1 + I_2 + I_3 = \frac{V}{R_1} + \frac{V}{R_2} + \frac{V}{R_3} = \left(\frac{1}{R_1} + \frac{1}{R_2} + \frac{1}{R_3}\right) V$$

となるので，V を求めると

$$V = \frac{I}{\frac{1}{R_1}+\frac{1}{R_2}+\frac{1}{R_3}} = \frac{R_1 R_2 R_3 \cdot I}{R_1 R_2 R_3 \cdot \left(\frac{1}{R_1}+\frac{1}{R_2}+\frac{1}{R_3}\right)}$$

$$= \frac{R_1 R_2 R_3}{R_1 R_2 + R_2 R_3 + R_3 R_1} I$$

となるので，この結果を，先にオームの法則より得られた一連の式に代入すると

$$I_1 = \frac{V}{R_1} = \frac{R_2 R_3}{R_1 R_2 + R_2 R_3 + R_3 R_1} I$$

$$I_2 = \frac{V}{R_2} = \frac{R_1 R_3}{R_1 R_2 + R_2 R_3 + R_3 R_1} I$$

$$I_3 = \frac{V}{R_3} = \frac{R_1 R_2}{R_1 R_2 + R_2 R_3 + R_3 R_1} I$$

と，各抵抗に流れる分流が求められる．

問 2.8

まず枝電流法による解法を示す．枝電流法で解く場合，厳密には電圧源 E_1, E_2 に流れる電流 I_{E1}, I_{E2} を含めた6つの枝電流（この回路では枝が6本ある）について，閉路1から3について電圧則から，節点1から4の内3節点について電流則から計6つの方程式を立てて連立させて解くことになる．ここでは，電流 I_{E1}, I_{E2} は求めなくてよい

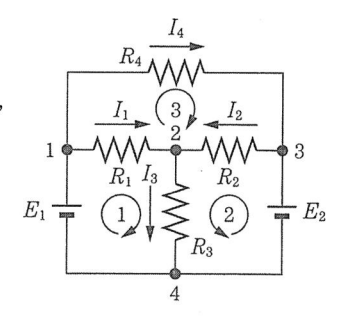

ので，電流則から求める方程式は節点2についてのみとして4つの方程式を立てることにする．

閉路1より　$R_1I_1+R_3I_3=E_1$
閉路2より　$R_2I_2+R_3I_3=E_2$
閉路3より　$R_1I_1-R_2I_2-R_4I_4=0$
節点2より　$I_1+I_2=I_3$

数値を代入すると，

$6I_1+I_3=12$
$2I_2+I_3=6$
$6I_1-2I_2-12I_4=0$
$I_1+I_2=I_3$

以上の連立方程式を解くと

$I_1=3/2=1.5$　[A]
$I_2=3/2=1.5$　[A]
$I_3=3$　[A]
$I_4=1/2=0.5$　[A]

となる．

なお，I_4 については

$$I_4=\frac{E_1-E_2}{R_4}=\frac{12-6}{12}=\frac{1}{2}=0.5\ \text{[A]}$$

と別に求めてもよい．

〈別解〉

次に閉路電流法による解法を示す．右図のように閉路電流 I_A, I_B, I_C を定めると，求める枝電流は

$$\begin{cases} I_1=I_A-I_C \\ I_2=I_B+I_C \\ I_3=I_A+I_B \\ I_4=I_C \end{cases}$$

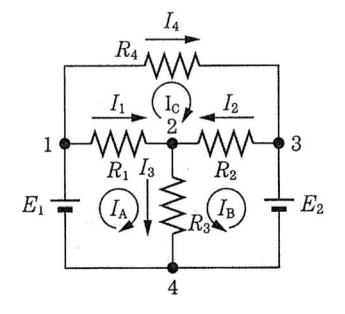

と求められる．各閉路について，キルヒホッフの電圧則から閉路電流を用いて方程式を立てると，

閉路1より　$R_1(I_A-I_C)+R_3(I_A+I_B)=E_1$

閉路 2 より　$R_2(I_B+I_C)+R_3(I_A+I_B)=E_2$

閉路 3 より　$R_1(I_A-I_C)-R_2(I_B+I_C)-R_4I_C=0$

数値を代入して整理すると，

$7I_A+I_B-6I_C=12$

$I_A+3I_B+2I_C=6$

$6I_A-2I_B-20I_C=0$

以上の方程式を解くと，各閉路電流は，

$I_A=2$　[A]

$I_B=1$　[A]

$I_C=0.5$　[A]

と求められ，これを基に各枝電流は，

$\begin{cases} I_1=I_A-I_C=2-0.5=1.5 \quad [A] \\ I_2=I_B+I_C=1+0.5=1.5 \quad [A] \\ I_3=I_A+I_B=2+1=3 \quad\quad [A] \\ I_4=I_C=0.5 \quad [A] \end{cases}$

と求められる．

問 2.9

　この回路において，端子 1 から n および $1'$ から n' は，各々まとめて，1つの節点とみなしてよい．すなわち，電圧源と抵抗の直列接続は，全て両端の電圧は V となるので，

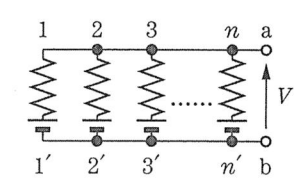

$V=E_1-R_1I_1 \quad \Rightarrow \quad I_1=\dfrac{E_1-V}{R_1}$

$V=E_2-R_2I_2 \quad \Rightarrow \quad I_2=\dfrac{E_2-V}{R_2}$

$V=E_3-R_3I_3 \quad \Rightarrow \quad I_3=\dfrac{E_3-V}{R_3}$

$\vdots$

$V=E_n-R_nI_n \quad \Rightarrow \quad I_n=\dfrac{E_n-V}{R_n}$

一方，端子 a–b 間は開放なので，キルヒホッフの第 1 法則（電流則）より

$I_1+I_2+I_3+\cdots+I_n=0$

先に求めた I_1 から I_n を代入すると，

$$\frac{E_1-V}{R_1}+\frac{E_2-V}{R_2}+\frac{E_3-V}{R_3}+\cdots+\frac{E_n-V}{R_n}=0$$

$$\left(\frac{1}{R_1}+\frac{1}{R_2}+\frac{1}{R_3}+\cdots+\frac{1}{R_n}\right)V=\frac{E_1}{R_1}+\frac{E_2}{R_2}+\frac{E_3}{R_3}+\cdots+\frac{E_n}{R_n}$$

よって，

$$V=\left(\frac{E_1}{R_1}+\frac{E_2}{R_2}+\frac{E_3}{R_3}+\cdots+\frac{E_n}{R_n}\right)\bigg/\left(\frac{1}{R_1}+\frac{1}{R_2}+\frac{1}{R_3}+\cdots+\frac{1}{R_n}\right)=\frac{\sum_{i=1}^{n}\frac{E_i}{R_i}}{\sum_{i=1}^{n}\frac{1}{R_i}}$$

あるいは，コンダクタンス

$$G_i=1/R_i$$

を用いるともう少し整理した形で書くことができ，

$$V=\frac{G_1E_1+G_2E_2+G_3E_3+\cdots+G_nE_n}{G_1+G_2+G_3+\cdots+G_n}=\frac{\sum_{i=1}^{n}G_iE_i}{\sum_{i=1}^{n}G_i}$$

となる．この結果は電気回路上の有名な定理の1つで「帆足-ミルマンの定理」という．

問 2.10

電源に接続されている回路の合成抵抗を R とすると，電源電圧 E と回路に流れる電流 I の関係は，オームの法則より $E=RI$ と与えられる．Sを閉じたときと開いたときの R は，各々

$$R=R_0+\frac{R_1R_2}{R_1+R_2}=10+\frac{R_1R_2}{R_1+R_2}$$

$$R=R_0+R_1=10+R_1$$

となるので，スイッチSを閉じたときには $I=8\,\mathrm{A}$，開いたときには $I=5\,\mathrm{A}$ だったことを用いて R_1 と R_2 の方程式を立てると，

$$\left(10+\frac{R_1R_2}{R_1+R_2}\right)\cdot 8=100 \tag{1}$$

$$(10+R_1)\cdot 5=100 \tag{2}$$

式(2)より

$$R_1=\frac{100-5\cdot 10}{5}=10\quad[\Omega]$$

式(1)に代入して

$$\frac{80R_2}{10+R_2}=20, \quad 変形して \quad 80R_2=20(10+R_2)$$

これを解くと

$$R_2=\frac{10}{3}=3.3 \quad [\Omega]$$

問 2.11

(a) $R=R_1+R_2=100+150=250 \quad [\Omega]$

(b) $R=R_1+R_2+R_3=7+2+3=12 \quad [\Omega]$

(c) $R=\dfrac{R_1R_2}{R_1+R_2}=\dfrac{60\cdot40}{60+40}=\dfrac{2400}{100}=24 \quad [\Omega]$

(d) $R=\dfrac{1}{1/R_1+1/R_2+1/R_3}=\dfrac{R_1R_2R_3}{R_1R_2+R_2R_3+R_3R_1}=\dfrac{2\cdot4\cdot8}{2\cdot4+4\cdot8+8\cdot2}=\dfrac{64}{56}$

$=\dfrac{8}{7}=1.14 \quad [\Omega]$

(e) R_1, R_2 の並列接続と，R_3, R_4 の並列接続が，直列に接続されている回路なので

$$R=\frac{R_1R_2}{R_1+R_2}+\frac{R_3R_4}{R_3+R_4}=\frac{6\cdot3}{6+3}+\frac{3\cdot2}{3+2}=2+\frac{6}{5}=2+1.2=3.2 \quad [\Omega]$$

(f) R_1, R_2 の直列接続と，R_3, R_4 の直列接続が，並列に接続されている回路なので

$$R=\frac{(R_1+R_2)\cdot(R_3+R_4)}{(R_1+R_2)+(R_3+R_4)}=\frac{(2+4)\cdot(3+1)}{(2+4)+(3+1)}=\frac{24}{10}=2.4 \quad [\mathrm{k}\Omega]$$

＊抵抗の単位を全て [kΩ] に統一するなら，あえて×10³ として計算する必要はなく，そのままの数字で計算して，最後に単位を [kΩ] と置くだけでよい．

(g) 計算を簡単にするため，まず R_1, R_2, R_3 からなる上部の回路の合成抵抗 R' を求める．この部分は，R_2, R_3 の並列接続が R_1 と直列接続されているものなので，

$$R'=R_1+\frac{R_2R_3}{R_2+R_3}=8+\frac{20\cdot30}{20+30}=8+12=20 \quad [\Omega]$$

次に全体の合成抵抗は，R' と R_4 が並列接続されているので，

$$R = \frac{R'R_4}{R'+R_4} = \frac{20 \cdot 20}{20+20} = 10 \quad [\Omega]$$

(h) 右上図に示すように,端子 3-4 間は短絡されているので,3,4 は同一の端子とみなしてよい.したがって,与えられた回路は,右下図に示すように R_1,R_2 の並列接続と,R_3,R_4 の並列接続が,直列接続されたものであることがわかる.したがって,計算は (e) と同様に行えばよく,

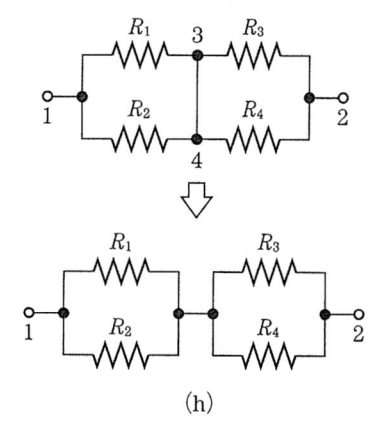

$$R = \frac{R_1 R_2}{R_1 + R_2} + \frac{R_3 R_4}{R_3 + R_4} = \frac{7 \cdot 3}{7+3} + \frac{6 \cdot 2}{6+2} = \frac{21}{10} + \frac{3}{2} = 2.1 + 1.5$$
$$= 3.6 \quad [\Omega]$$

問 2.12

この回路の合成抵抗は,R_5 があるため,特殊な条件(ブリッジの平衡条件)が成り立っている場合を除いて,並列接続や直列接続の公式を用いて求めることができない.そこで,右図に示すように端子 1-2 間に電源 E を接続した場合について回路方程式を立て,オームの法則より,端子 1-2 間の電圧,電流の比

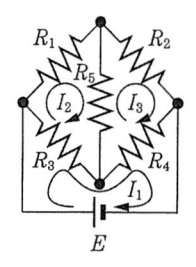

$$R = \frac{E}{I_1}$$

が合成抵抗となることを用いて答を求める.閉路電流法を用い,図のように閉路電流 I_1, I_2, I_3 を定め,閉路方程式を立てると,

$$\begin{cases} R_1 I_2 + R_3 (I_2 - I_1) + R_5 (I_2 - I_3) = 0 \\ R_2 I_3 + R_4 (I_3 - I_1) + R_5 (I_3 - I_2) = 0 \\ R_3 (I_1 - I_2) + R_4 (I_1 - I_3) = E \end{cases}$$

ここで,$R_1 = R_4 = R_5 = r$,$R_2 = R_3 = 2r$ を代入して整理すると,

$$\begin{cases} -2I_1 + 4I_2 - I_3 = 0 & (1) \\ -I_1 - I_2 + 4I_3 = 0 & (2) \\ 3rI_1 - 2rI_2 - rI_3 = E & (3) \end{cases}$$

式(1),(2)より I_2 を消去すると,

$$I_3 = \frac{2}{5} I_1$$

同様に式(1),(2)より I_3 を消去すると,

$$I_2 = \frac{3}{5} I_1$$

以上を式(3)に代入すると

$$3rI_1 - \frac{6}{5}rI_1 - \frac{2}{5}rI_1 = E$$

整理すると,

$$\frac{7}{5}rI_1 = E$$

よって,

$$R = \frac{E}{I_1} = \frac{7}{5}r$$

問 2.13

抵抗 R_1 の分圧 V_1 と入力電圧 V_0 の比を

$$\frac{V_1}{V_0} = \rho$$

と定義する.分圧の公式より

$$V_1 = \frac{R_1}{R_1 + R_2} V_0, \quad \text{すなわち,} \quad \frac{R_1}{R_1 + R_2} = \frac{V_1}{V_0} = \rho$$

となる.これを元に,R_2 を R_1 と ρ を用いて表すと,

$$R_2 = \frac{R_1 - \rho R_1}{\rho} = \left(\frac{1}{\rho} - 1\right) R_1$$

よって,$R_1 = 10\,\text{k}\Omega$ なので,
(1) $\rho = 1/10$ となるような R_2 の値は

$$R_2 = \left(\frac{1}{1/10} - 1\right) \cdot 10 = (10 - 1) \cdot 10 = 90 \quad [\text{k}\Omega]$$

(2) $\rho = 1/100$ となるような R_2 の値は

$$R_2 = \left(\frac{1}{1/100} - 1\right) \cdot 10 = (100 - 1) \cdot 10 = 990 \quad [\text{k}\Omega]$$

この問題のような考え方は，たとえば最大目盛 10 V の電圧計を，最大目盛 100 V の電圧計として用いるような場合に応用される（電圧計の倍率器）．

問 2.14

抵抗 R_1 の分流 I_1 と入力電流 I_0 の比を

$$\frac{I_1}{I_0} = \rho$$

と定義する．分流の公式より

$$I_1 = \frac{R_2}{R_1+R_2} I_0, \quad \text{すなわち}, \quad \frac{R_2}{R_1+R_2} = \frac{I_1}{I_0} = \rho$$

となる．これを元に，R_2 を R_1 と ρ を用いて表すと，

$$R_2 = \frac{\rho R_1}{1-\rho} = \frac{1}{1/\rho - 1} R_1$$

よって，$R_1 = 9\,\Omega$ なので，

（1） $\rho = 1/10$ となるような R_2 の値は

$$R_2 = \frac{1}{10-1} \cdot 9 = \frac{9}{9} = 1 \quad [\Omega]$$

（2） $\rho = 1/100$ となるような R_2 の値は

$$R_2 = \frac{1}{100-1} \cdot 9 = \frac{9}{99} = \frac{1}{11} = 0.091 \quad [\Omega]$$

このような考え方は，電圧計と同様，電流計の倍率器として応用できる．

問 2.15

各回路において，抵抗 R_1, R_2, R_3, R_4 の両端に生じる電圧を各々 V_1, V_2, V_3, V_4，流れる電流を各々 I_1, I_2, I_3, I_4 と置く．

（a） まず，抵抗 R_1, R_2 の並列接続による合成抵抗 R_{12} と抵抗 R_3, R_4 の並列接続による合成抵抗 R_{34} を各々求めると，

$$R_{12} = \frac{R_1 R_2}{R_1 + R_2} = \frac{8 \cdot 8}{8+8} = 4 \quad [\Omega]$$

$$R_{34} = \frac{R_3 R_4}{R_3 + R_4} = \frac{3 \cdot 6}{3+6} = 2 \quad [\Omega]$$

（1） 両端に $V = 12\,\text{V}$ を印加したとき，

$$V_1 = V_2 = \frac{R_{12}}{R_{12}+R_{34}} V = \frac{4}{4+2} \cdot 12 = 8 \quad [\text{V}]$$

$$V_3 = V_4 = \frac{R_{34}}{R_{12}+R_{34}} V = \frac{2}{4+2} \cdot 12 = 4 \quad [\text{V}]$$

オームの法則より，各抵抗に流れる電流は，

$I_1 = V_1/R_1 = 8/8 = 1 \quad [\text{A}], \qquad I_2 = V_2/R_2 = 8/8 = 1 \quad [\text{A}]$

$I_3 = V_3/R_3 = 4/3 = 1.33 \quad [\text{A}], \qquad I_4 = V_4/R_4 = 4/6 = 0.67 \quad [\text{A}]$

なお，キルヒホッフの電流則より，$I_1 + I_2 = I_3 + I_4$ となることを用いて，この結果の検算を行うことができる．

(2) $I = 6\,\text{A}$ を流したとき，

$V_1 = V_2 = R_{12} I = 4 \cdot 6 = 24 \quad [\text{V}]$

$V_3 = V_4 = R_{34} I = 2 \cdot 6 = 12 \quad [\text{V}]$

オームの法則より，各抵抗に流れる電流は，

$I_1 = V_1/R_1 = 24/8 = 3 \quad [\text{A}], \qquad I_2 = V_2/R_2 = 24/8 = 3 \quad [\text{A}]$

$I_3 = V_3/R_3 = 12/3 = 4 \quad [\text{A}], \qquad I_4 = V_4/R_4 = 12/6 = 2 \quad [\text{A}]$

〈別解〉

分流の公式より，

$$I_1 = \frac{R_2}{R_1+R_2} I = \frac{8}{8+8} \cdot 6 = 3 \quad [\text{A}], \qquad I_2 = \frac{R_1}{R_1+R_2} I = \frac{8}{8+8} \cdot 6 = 3 \quad [\text{A}]$$

$$I_3 = \frac{R_4}{R_3+R_4} I = \frac{6}{3+6} \cdot 6 = 4 \quad [\text{A}], \qquad I_4 = \frac{R_3}{R_3+R_4} I = \frac{3}{3+6} \cdot 6 = 2 \quad [\text{A}]$$

として求めてもよい．電圧は各抵抗についてオームの法則を用いてもよいし，解答例で示したように合成抵抗 R_{12} と R_{34} にオームの法則を用いてもよい．

(b) まず，抵抗 R_1, R_2 の直列接続による合成抵抗 R_{12} と抵抗 R_3, R_4 の直列接続による合成抵抗 R_{34} を各々求めると，

$R_{12} = R_1 + R_2 = 4 + 2 = 6 \quad [\Omega]$

$R_{34} = R_3 + R_4 = 3 + 9 = 12 \quad [\Omega]$

(1) 両端に $V = 12\,\text{V}$ を印加したとき，

$I_1 = I_2 = V/R_{12} = 12/6 = 2 \quad [\text{A}]$

$I_3 = I_4 = V/R_{34} = 12/12 = 1 \quad [\text{A}]$

オームの法則より，各抵抗の両端に生じる電圧は，

$V_1 = R_1 I_1 = 4 \cdot 2 = 8 \quad [\text{V}], \qquad V_2 = R_2 I_2 = 2 \cdot 2 = 4 \quad [\text{V}]$

$V_3 = R_3 I_3 = 3 \cdot 1 = 3 \quad [\text{V}], \qquad V_4 = R_4 I_4 = 9 \cdot 1 = 9 \quad [\text{V}]$

〈別解〉

V_1 から V_4 を求めるとき,分圧の公式を用いてもよい.

例 $V_1 = \dfrac{R_1}{R_1+R_2} = \dfrac{4}{4+2} \cdot 12 = 8$ [V]

また,V_1 が得られたら,V_2 はキルヒホッフの電圧則を用いて,

$V_2 = V - V_1 = 12 - 8 = 4$ [V]

と求めることができる.

(2) $I = 6$ A を流したとき,分流の公式より

$I_1 = I_2 = \dfrac{R_{34}}{R_{12}+R_{34}} I = \dfrac{12}{6+12} \cdot 6 = 4$ [A]

$I_3 = I_4 = \dfrac{R_{12}}{R_{12}+R_{34}} I = \dfrac{6}{6+12} \cdot 6 = 2$ [A]

オームの法則より,各抵抗の両端に生じる電圧は,

$V_1 = R_1 I_1 = 4 \cdot 4 = 16$ [V], $V_2 = R_2 I_2 = 2 \cdot 4 = 8$ [V]

$V_3 = R_3 I_3 = 3 \cdot 2 = 6$ [V], $V_4 = R_4 I_4 = 9 \cdot 2 = 18$ [V]

(c) まず,抵抗 R_2, R_3 の並列接続による合成抵抗 R_{23} を求めると,

$R_{23} = \dfrac{R_2 R_3}{R_2+R_3} = \dfrac{20 \cdot 30}{20+30} = 12$ [Ω]

(1) 両端に $V = 12$ V を印加したとき,

$I_1 = \dfrac{V}{R_1+R_{23}} = \dfrac{12}{8+12} = 0.6$ [A]

$I_2 = \dfrac{R_3}{R_2+R_3} I_1 = \dfrac{30}{20+30} \cdot 0.6 = 0.36$ [A]

$I_3 = \dfrac{R_2}{R_2+R_3} I_1 = \dfrac{20}{20+30} \cdot 0.6 = 0.24$ [A]

$I_4 = V/R_4 = 12/10 = 1.2$ [A]

オームの法則より,各抵抗の両端に生じる電圧は,

$V_1 = R_1 I_1 = 8 \cdot 0.6 = 4.8$ [V], $V_2 = R_2 I_2 = 20 \cdot 0.36 = 7.2$ [V]

$V_3 = R_3 I_3 = 30 \cdot 0.24 = 7.2$ [V] $(=V_2)$, $V_4 = 12$ [V](回路より自明)

〈別解〉

まず,V_1 から V_4 を分圧の公式を用いて求め,その後オームの法則により電流を求めてもよい.また,上の解法において,V_1 が得られたら,V_2 と V_3

はキルヒホッフの電圧則を用いて，
$$V_2=V_3=V-V_1=12-4.8=7.2 \quad [V]$$
と求めてもよい．

（2） $I=6$ A を流したとき，
$$I_1=\frac{R_4}{(R_1+R_{23})+R_4}I=\frac{10}{(8+12)+10}6=2 \quad [A]$$

$$I_2=\frac{R_3}{R_2+R_3}I_1=\frac{30}{20+30}\cdot 2=\frac{6}{5}=1.2 \quad [A]$$

$$I_3=\frac{R_2}{R_2+R_3}I_1=\frac{20}{20+30}\cdot 2=\frac{4}{5}=0.8 \quad [A]$$

$$I_4=I-I_1=6-2=4 \quad [A]$$

オームの法則より，各抵抗の両端に生じる電圧は，
$$V_1=R_1I_1=8\cdot 2=16 \quad [V], \qquad V_2=R_2I_2=20\cdot 1.2=24 \quad [V]$$
$$V_3=R_3I_3=30\cdot 0.8=24 \quad [V](=V_2), \qquad V_4=R_4I_4=10\cdot 4=40 \quad [V]$$

（d） まず，抵抗 R_1, R_2 の並列接続による合成抵抗 R_{12} を求めると，
$$R_{12}=\frac{R_1R_2}{R_1+R_2}=\frac{10\cdot 40}{10+40}=8 \quad [\Omega]$$

（1） 両端に $V=12$ V を印加したとき，回路に流れる全電流は，
$$I=\frac{V}{R_{12}+R_3+R_4}=\frac{12}{8+6+10}=0.5 \quad [A]$$

したがって，各抵抗の両端の電圧は，
$$V_1=V_2=R_{12}I=8\cdot 0.5=4 \quad [V]$$
$$V_3=R_3I=6\cdot 0.5=3 \quad [V]$$
$$V_4=R_4I=10\cdot 0.5=5 \quad [V]$$

各抵抗に流れる電流は，
$$I_1=V_1/R_1=4/10=0.4 \quad [A]$$
$$I_2=V_2/R_2=4/40=0.1 \quad [A]$$
$$I_3=I_4=I=0.5 \quad [A]$$

（2） $I=6$ A を流したとき，各抵抗の両端の電圧は，
$$V_1=V_2=R_{12}I=8\cdot 6=48 \quad [V]$$
$$V_3=R_3I=6\cdot 6=36 \quad [V]$$
$$V_4=R_4I=10\cdot 6=60 \quad [V]$$

各抵抗に流れる電流は,

$I_1 = V_1/R_1 = 48/10 = 4.8$ [A]

$I_2 = V_2/R_2 = 48/40 = 1.2$ [A]

$I_3 = I_4 = I = 6$ [A]

(e) R_1, R_2, R_3 の並列接続の合成抵抗 R_{123} は,

$$R_{123} = \frac{R_1 R_2 R_3}{R_1 R_2 + R_2 R_3 + R_3 R_1} = \frac{4 \cdot 2 \cdot 4}{4 \cdot 2 + 2 \cdot 4 + 4 \cdot 4} = 1 \quad [\Omega]$$

(1) 両端に $V = 12$ V を印加したとき, 回路に流れる全電流は,

$$I = \frac{V}{R_{123} + R_4} = \frac{12}{1+3} = 3 \quad [A]$$

したがって, 各抵抗の両端の電圧は,

$V_1 = V_2 = V_3 = R_{123} I = 1 \cdot 3 = 3$ [V]

$V_4 = R_4 I = 3 \cdot 3 = 9$ [V] (あるいは, $V_4 = V - V_1 = 12 - 3 = 9$ [V])

各抵抗に流れる電流は,

$I_1 = V_1/R_1 = 3/4 = 0.75$ [A]

$I_2 = V_2/R_2 = 3/2 = 1.5$ [A]

$I_3 = V_3/R_3 = 3/4 = 0.75$ [A]

$I_4 = I = 3$ [A]

(2) $I = 6$ A を流したとき, 各抵抗の両端の電圧は,

$V_1 = V_2 = V_3 = R_{123} I = 1 \cdot 6 = 6$ [V]

$V_4 = R_4 I = 3 \cdot 6 = 18$ [V]

各抵抗に流れる電流は,

$I_1 = V_1/R_1 = 6/4 = 1.5$ [A]

$I_2 = V_2/R_2 = 6/2 = 3$ [A]

$I_3 = V_3/R_3 = 6/4 = 1.5$ [A] (あるいは, $I_3 = I - I_1 - I_2$ より)

$I_4 = I = 6$ [A]

と求まる.

問 2.16

求める電圧 V_{34} は, 抵抗 R_2 にかかる電圧 V_2 と抵抗 R_4 にかかる電圧 V_4 の差となるので,

$V_{34} = V_2 - V_4$

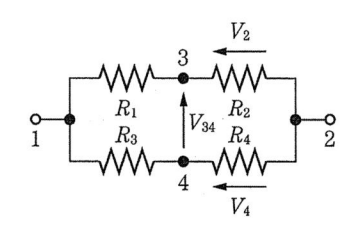

$$= \frac{R_2 V_0}{R_1+R_2} - \frac{R_4 V_0}{R_3+R_4}$$

と求められる．数値を代入すると，

$$V_{34} = \frac{5 \cdot 6}{1+5} - \frac{1 \cdot 6}{2+1} = 5-2 = 3 \quad [\text{V}]$$

問 2.17

(a) 無限長のはしご型回路なので，右上図のように最初の1周期分を別にして，さらにその右側の部分の合成抵抗を求めても，1-2 間の合成抵抗と同じ R となるはずである．したがって，右下図に示す回路の 1-2 間の合成抵抗を求め，これが R に等しいと置くと，

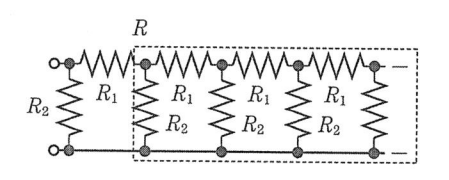

$$R = \frac{R_2(R_1+R)}{R_2+(R_1+R)}$$

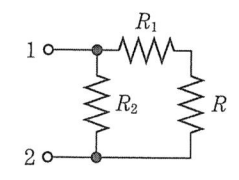

という方程式が得られる．これを R について解くと

$$R[R_1+R_2+R] = R_2(R_1+R)$$
$$R^2 + R_1 R - R_1 R_2 = 0$$
$$R = \frac{-R_1 \pm \sqrt{R_1^2 + 4R_1 R_2}}{2}$$

物理的に R は負の値をとることは有り得ないので，答は，

$$R = \frac{-R_1 + \sqrt{R_1^2 + 4R_1 R_2}}{2}$$

(b) 同様にして，右上図のように1周期分を除いた残りの部分が R に等しいことから，回路を右下図のようにおいて合成抵抗を求め，それが R に等しいことから方程式を立てると，

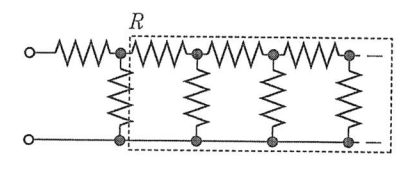

$$R = R_1 + \frac{R_2 R}{R_2+R}$$

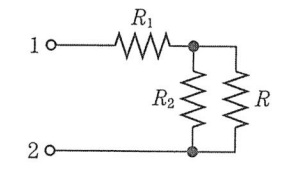

これを R について解くと

$$(R-R_1)(R_2+R) = R_2 R$$
$$R^2 - R_1 R - R_1 R_2 = 0$$

$$R = \frac{R_1 \pm \sqrt{R_1^2 + 4R_1R_2}}{2}$$

物理的に R は負の値をとることは有り得ないので，答は，

$$R = \frac{R_1 + \sqrt{R_1^2 + 4R_1R_2}}{2}$$

〈別解〉

図(b)の回路は，図(a)の回路と R_1 を直列接続した回路なので，

$$R = R_1 + \frac{-R_1 + \sqrt{R_1^2 + 4R_1R_2}}{2} = \frac{R_1 + \sqrt{R_1^2 + 4R_1R_2}}{2}$$

問 2.18

この回路は右図のようなブリッジ回路と等価であるので，ブリッジの平衡条件より，

$R_1 R_4 = R_2 R_3$

$$R_4 = \frac{R_2 R_3}{R_1} = \frac{20 \cdot 30}{10} = 60 \quad [\Omega]$$

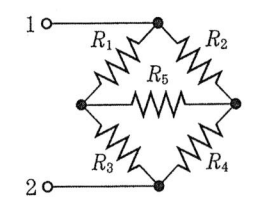

問 2.19

この回路は右図のようなブリッジ回路と等価であるので，ブリッジの平衡条件より，

$R_1 R_2 = R_3 R_4$

$$R_4 = \frac{R_1 R_2}{R_3} = \frac{5 \cdot 6}{3} = 10 \quad [\Omega]$$

問 2.20

抵抗 R_1, R_2, R_3, R_4 がブリッジの平衡条件を満たしていることから，R_5 は回路に全く影響を与えない．すなわち，右図の回路の合成抵抗を求めればよいので，

$$R = \frac{(R_1 + R_3)(R_2 + R_4)}{(R_1 + R_2) + (R_3 + R_4)}$$

$$= \frac{(2+6)(3+9)}{2+6+3+9} = \frac{24}{5} = 4.8 \quad [\Omega]$$

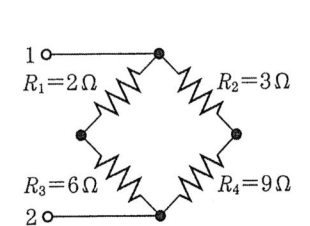

問 2.21

抵抗 R_1, R_2, R_3, R_4 がブリッジの平衡条件を満たしていることから，右図の回路の合成抵抗を求めればよいので，

$R_{13} = R_1 + R_3 = 2+6 = 8$ ［Ω］
$R_{24} = R_2 + R_4 = 2+6 = 8$ ［Ω］

と置くと，

$$R = \frac{R_{13}R_{24}R_6}{R_{13}R_{24} + R_{24}R_6 + R_6 R_{13}}$$

$$= \frac{8 \cdot 8 \cdot 4}{8 \cdot 8 + 8 \cdot 4 + 4 \cdot 8} = 2 \quad [\Omega]$$

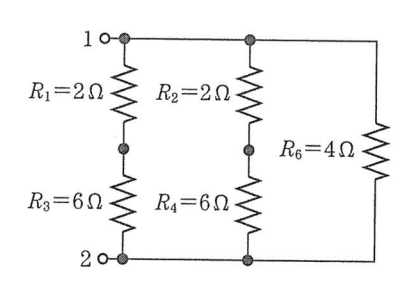

問 2.22

この問題のように，電流源を含む回路を，キルヒホッフの電圧則を用いて解析することは，電流源の両端の電圧を決めることができないので，そのままでは困難である．このような場合は，電流源とそれに並列に接続されている抵抗をまとめて，等価な電圧源回路で置き換えるのが最も簡単な方法である．この問題の場合は，J_2 と R_3 を1つの電流源回路と見なして，等価な電圧源回路で置き換える．等価な電圧源回路は，電圧が $E_2 = R_3 J_2$ の電圧源と抵抗 R_3 の直列接続となるので，全体の回路は，下図のように置き換えられ，答は

$$I_2 = \frac{E_1 - R_3 J_2}{R_1 + R_2 + R_3} = \frac{5 - 4 \cdot 0.5}{5 + 3 + 4} = \frac{1}{4} = 0.25 \quad [\text{A}]$$

問 3.1

(1) フェーザ表示 $V = \dfrac{10}{\sqrt{2}} e^{j\pi/4} = 7.07\, e^{j\pi/4}$ ［V］

複素数表示 $V = \dfrac{10}{\sqrt{2}} \cos\dfrac{\pi}{4} + j \dfrac{10}{\sqrt{2}} \sin\dfrac{\pi}{4}$

$$= \frac{10}{\sqrt{2}} \cdot \frac{1}{\sqrt{2}} + j \frac{10}{\sqrt{2}} \cdot \frac{1}{\sqrt{2}} = 5 + j\,5 \quad [\text{V}]$$

(2) フェーザ表示 $I = \dfrac{7}{\sqrt{2}} e^{-j\pi/6} = 4.95\, e^{-j\pi/6}$ [A]

複素数表示 $I = \dfrac{7}{\sqrt{2}} \cos\left(-\dfrac{\pi}{6}\right) + j\dfrac{7}{\sqrt{2}} \sin\left(-\dfrac{\pi}{6}\right) = \dfrac{7}{\sqrt{2}} \cdot \dfrac{\sqrt{3}}{2} -$

$\qquad j\dfrac{7}{\sqrt{2}} \cdot \dfrac{1}{2} = \dfrac{7\sqrt{6}}{4} - j\dfrac{7\sqrt{2}}{4} = 4.29 - j\,2.47$ [A]

(3) フェーザ表示 $V = 6\, e^{j\pi/3}$ [V]

複素数表示 $V = 6\cos(\pi/3) + j\,6\sin(\pi/3) = 6 \cdot 1/2 + j\,6 \cdot \sqrt{3}/2$
$\qquad = 3 + j\,3\sqrt{3} = 3 + j\,5.20$ [V]

(4) フェーザ表示 $I = 10\, e^{-j\pi/2}$ [A]

複素数表示 $I = 10\cos(-\pi/2) + j\,10\sin(-\pi/2) = 10 \cdot 0 + j\,10 \cdot (-1)$
$\qquad = -j\,10$ [A]

(5) フェーザ表示 $V = 100\, e^{j0}$ [V]

複素数表示 $V = 100\cos(0) + j\,100\sin(0) = 100 \cdot 1 + j\,100 \cdot 0 = 100$ [V]

問 3.2

複素数表示された電圧が, $V = V_r + jV_i$ であるとき,

実効値 $V_e = \sqrt{V_r^2 + V_i^2}$

位相角 $\theta = \tan^{-1}(V_i/V_r) \qquad (V_r > 0)$,
$\qquad\quad \theta = \tan^{-1}(V_i/V_r) + \pi \quad (V_r < 0)$

となり，瞬時値はこれらを用いて

$$v(t) = \sqrt{2}\, V_e \sin(\omega t + \theta) \quad [\text{V}]$$

と表される．

(1) $V_e = \sqrt{(3\sqrt{3})^2 + 3^2} = \sqrt{36} = 6$ [V]

$\theta = \tan^{-1}\left(\dfrac{3}{3\sqrt{3}}\right) = \pi/6$ [rad]

よって瞬時値は, $v(t) = 6\sqrt{2} \sin(100\pi t + \pi/6)$ [V]

(2) $V_e = \sqrt{2^2 + (-2)^2} = \sqrt{8} = 2\sqrt{2} = 2.83$ [V]

$\theta = \tan^{-1}(-2/2) = -\pi/4$ [rad]

よって瞬時値は, $v(t) = \sqrt{2} \cdot 2.83 \sin(100\pi t - \pi/4) = 4\sin(100\pi t - \pi/4)$ [V]

(3) V_r が負であることに注意して,

$$V_e = \sqrt{(-5)^2+(5\sqrt{3})^2} = \sqrt{100} = 10 \quad [\text{V}]$$

$$\theta = \tan^{-1}[5\sqrt{3}/(-5)] + \pi = -\pi/3 + \pi = 2\pi/3 \quad [\text{rad}]$$

よって瞬時値は,$v(t) = 10\sqrt{2}\sin(100\pi t + 2\pi/3)$ [V]

(4) V_r が負であることに注意して,

$$V_e = \sqrt{(-5)^2+(-5)^2} = \sqrt{50} = 5\sqrt{2} = 7.07 \quad [\text{V}]$$

$$\theta = \tan^{-1}[(-5)/(-5)]\pi = \pi/4 + \pi = 5\pi/4 \quad [\text{rad}]$$

ただし,θ は $-\pi \leq \theta \leq \pi$ の範囲でとるのが普通なので,

$$\theta \to \theta - 2\pi = 5\pi/4 - 2\pi = -3\pi/4$$

よって瞬時値は $v(t) = 7.07\sqrt{2}\sin(100\pi t - 3\pi/4) = 10\sin(100\pi t - 3\pi/4)$ [V]

(5) $\quad V_e = \sqrt{(2)^2+0^2} = 2 \quad [\text{V}]$

$$\theta = \tan^{-1}(0/2) = \tan^{-1} 0 = 0 \quad [\text{rad}]$$

よって瞬時値は,$v(t) = 2\sqrt{2}\sin(100\pi t + 0) = 2\sqrt{2}\sin(100\pi t)$ [V]

(6) V_r が負であることに注意して,

$$V_e = \sqrt{(-10)^2+0^2} = 10 \quad [\text{V}]$$

$$\theta = \tan^{-1}[0/(-10)] + \pi = \pi \quad [\text{rad}]$$

よって瞬時値は,$v(t) = 10\sqrt{2}\sin(100\pi t + \pi) = -100\sqrt{2}\sin(100\pi t)$ [V]

(7) $\quad V_e = \sqrt{0^2+(-3)^2} = 3 \quad [\text{V}]$

$$\theta = \tan^{-1}(-3/0) = -\tan^{-1}\infty = -\pi/2 \quad [\text{rad}]$$

よって瞬時値は,$v(t) = 3\sqrt{2}\sin(100\pi t - \pi/2)$ [V]

(8) $\quad V_e = \sqrt{0^2+6^2} = 6 \quad [\text{V}]$

$$\theta = \tan^{-1}(6/0) = \tan^{-1}\infty = \pi/2 \quad [\text{rad}]$$

よって瞬時値は,$v(t) = 6\sqrt{2}\sin(100\pi t + \pi/2)$ [V]

問 3.3

$$V_R = RI_e = |V_R|e^{j\theta_R}$$

ただし,実効値 $|V_R| = \sqrt{(RI_e)^2+0^2} = RI_e$

位相角 $\theta_R = \tan^{-1}\dfrac{0}{RI_e} = \tan^{-1}0 = 0$

$$V_L = j\omega L I_e = |V_L|e^{j\theta_L}$$

ただし,実効値 $|V_L| = \sqrt{0^2+(\omega L I_e)^2} = \omega L I_e$

位相角 $\theta_R = \tan^{-1}\dfrac{\omega L I_e}{0} = \tan^{-1}\infty = \dfrac{\pi}{2}$

$$V_{RL} = |V_{RL}|e^{j\phi}$$

ただし，実効値 $\quad |V_{RL}| = \sqrt{(RI_e)^2 + (\omega L I_e)^2} = \sqrt{R^2 + \omega^2 L^2}\, I_e$

位相角 $\quad \phi = \tan^{-1} \dfrac{\omega L}{R}$

問 3.4

(a) $Z = Z_1 + Z_2 + Z_3 = (3+j\,1) + (2-j\,4) + (4+j\,2) = 9 - j\,1 \quad [\Omega]$

(b) $Z = Z_1 + \dfrac{Z_2 Z_3}{Z_2 + Z_3} = (3+j\,1) + \dfrac{(2-j\,4)(4+j\,2)}{(2-j\,4)+(4+j\,2)}$

$\qquad = (3+j\,1) + (3-j\,1) = 6 \quad [\Omega]$

〈参考〉

$Z_{23} = \dfrac{(2-j\,4)(4+j\,2)}{(2-j\,4)+(4+j\,2)} = \dfrac{(2\cdot 4 + 4\cdot 2) + j(2\cdot 2 - 4\cdot 4)}{6 - j\,2} = \dfrac{16 - j\,12}{6 - j\,2}$

$\qquad = \dfrac{8 - j\,6}{3 - j\,1} = \dfrac{(8 - j\,6)(3 + j\,1)}{3^2 + 1^2} = \dfrac{(24+6) + j(8-18)}{10} = 3 - j\,1$

〈別解〉

Z_2 と Z_3 の並列接続の合成インピーダンス Z_{23} についてアドミタンスを用いて

$Y_{23} = \dfrac{1}{Z_{23}} = \dfrac{1}{Z_2} + \dfrac{1}{Z_3} = \dfrac{1}{2-j\,4} + \dfrac{1}{4+j\,2} = \dfrac{2+j\,4}{20} + \dfrac{4-j\,2}{20}$

$\qquad = \dfrac{6+j\,2}{20} = \dfrac{3+j\,1}{10}$

$Z_{23} = \dfrac{1}{Y_{23}} = \dfrac{10}{3+j\,1} = \dfrac{10(3-j\,1)}{10} = 3 - j\,1$

として計算してもよい．

(c) 3つのインピーダンスの並列接続なので，アドミタンスを用いた方が，計算が簡単である．

$Y = \dfrac{1}{Z} = \dfrac{1}{Z_1} + \dfrac{1}{Z_2} + \dfrac{1}{Z_3} = \dfrac{1}{3+j\,1} + \dfrac{1}{2-j\,4} + \dfrac{1}{4+j\,2}$

$\qquad = \dfrac{3-j\,1}{10} + \dfrac{2+j\,4}{20} + \dfrac{4-j\,2}{20} = \dfrac{12+j\,0}{20} = \dfrac{3}{5}$

よって

$Z = \dfrac{1}{Y} = \dfrac{5}{3} = 1.67 \quad [\Omega]$

(d) $Z = \dfrac{(Z_1+Z_2)Z_3}{(Z_1+Z_2)+Z_3} = \dfrac{[(3+j\,1)+(2-j\,4)](4+j\,2)}{(3+j\,1)+(2-j\,4)+(4+j\,2)} = \dfrac{(5-j\,3)(4+j\,2)}{9-j\,1}$

$= \dfrac{(20+6)+j(10-12)}{9-j\,1} = \dfrac{26-j\,2}{9-j\,1} = \dfrac{(26-j\,2)(9+j\,1)}{9^2+1^2} = \dfrac{236+j\,8}{82}$

$= \dfrac{118+j\,4}{41} = 2.88+j\,0.098 \quad [\Omega]$

問 3.5

(a) $Z = R_1 + j\omega L + \dfrac{R_2 \cdot \dfrac{1}{j\omega C}}{R_2 + \dfrac{1}{j\omega C}} = R_1 + j\omega L + \dfrac{R_2}{1+j\omega C R_2}$

$= R_1 + j\omega L + \dfrac{R_2(1-j\omega C R_2)}{1+\omega^2 C^2 R_2^2} = R_1 + \dfrac{R_2}{1+\omega^2 C^2 R_2^2} + j\left[\omega L - \dfrac{\omega C R_2^2}{1+\omega^2 C^2 R_2^2}\right]$

(b) $Z = \dfrac{R\left(j\omega L + \dfrac{1}{j\omega C}\right)}{R+\left(j\omega L + \dfrac{1}{j\omega C}\right)} = \dfrac{R(1-\omega^2 LC)}{1-\omega^2 LC + j\omega CR}$

$= \dfrac{R(1-\omega^2 LC)(1-\omega^2 LC - j\omega CR)}{(1-\omega^2 LC)^2 + \omega^2 C^2 R^2}$

$= \dfrac{R(1-\omega^2 LC)^2}{(1-\omega^2 LC)^2 + \omega^2 C^2 R^2} - j\dfrac{\omega CR^2(1-\omega^2 LC)}{(1-\omega^2 LC)^2 + \omega^2 C^2 R^2}$

(c) $Z = \dfrac{R_1 \cdot j\omega L}{R_1 + j\omega L} + \dfrac{R_2 \cdot \left(\dfrac{1}{j\omega C}\right)}{R_2 + \dfrac{1}{j\omega C}} = \dfrac{j\omega L R_1(R_1 - j\omega L)}{R_1^2 + \omega^2 L^2} + \dfrac{R_2(1-j\omega C R_2)}{1+\omega^2 C^2 R_2^2}$

$= \dfrac{\omega^2 L^2 R_1}{R_1^2 + \omega^2 L^2} + \dfrac{R_2}{1+\omega^2 C^2 R_2^2} + j\left(\dfrac{\omega L R_1^2}{R_1^2 + \omega^2 L^2} - \dfrac{\omega C R_2^2}{1+\omega^2 C^2 R_2^2}\right)$

(d) $Z = \dfrac{(R+j\omega L) \cdot \dfrac{1}{j\omega C}}{(R+j\omega L) + \dfrac{1}{j\omega C}} = \dfrac{R+j\omega L}{1-\omega^2 LC + j\omega CR}$

$$= \frac{(R+j\omega L)(1-\omega^2 LC-j\omega CR)}{(1-\omega^2 LC)^2+\omega^2 C^2 R^2}$$

$$= \frac{R}{(1-\omega^2 LC)^2+\omega^2 C^2 R^2}+j\frac{\omega(L-\omega^2 L^2 C-CR^2)}{(1-\omega^2 LC)^2+\omega^2 C^2 R^2}$$

問 3.6

(a) $Y = \dfrac{1}{R_1+j\omega L} + \dfrac{1}{R_2+\dfrac{1}{j\omega C}} = \dfrac{R_1-j\omega L}{R_1^2+\omega^2 L^2} + \dfrac{j\omega C(1-j\omega CR_2)}{1+\omega^2 C^2 R_2^2}$

$$= \frac{R_1}{R_1^2+\omega^2 L^2} + \frac{\omega^2 C^2 R_2}{1+\omega^2 C^2 R_2^2} + j\left[\frac{\omega C}{1+\omega^2 C^2 R_2^2} - \frac{\omega L}{R_1^2+\omega^2 L^2}\right]$$

(b) $Y = \dfrac{1}{R_1+j\omega L} + j\omega C + \dfrac{1}{R_2} = \dfrac{R_1-j\omega L}{R_1^2+\omega^2 L^2} + j\omega C + \dfrac{1}{R_2}$

$$= \frac{R_1}{R_1^2+\omega^2 L^2} + \frac{1}{R_2} + j\left(\omega C - \frac{\omega L}{R_1^2+\omega^2 L^2}\right)$$

問 3.7

インピーダンス $Z=Z_r+jZ_i$ を極表示に直すと

$Z=|Z|e^{j\theta}$

ただし，$|Z|=\sqrt{Z_r^2+Z_i^2}$, $\theta=\tan^{-1}(Z_i/Z_r)$

回路に流れる電流 I は，極表示されたインピーダンスを用いると

$$I = \frac{E_0}{Z} = \frac{12\,e^{j0}}{|Z|e^{j\theta}} = \frac{12}{|Z|}e^{-j\theta}$$

すなわち，

実効値 $I_e = \dfrac{12}{|Z|} = \dfrac{12}{\sqrt{Z_r^2+Z_i^2}}$

位相角 $\phi = -\theta = -\tan^{-1}(Z_i/Z_r)$

と，簡単に計算できる．以下数値を代入して計算すると，

(a) 実効値 $I_e = \dfrac{12}{|Z|} = \dfrac{12}{\sqrt{(2\sqrt{3})^2+(-2)^2}} = \dfrac{12}{4} = 3$ [A]

位相角 $\phi = -\theta = -\tan^{-1}(-2/2\sqrt{3}) = \tan^{-1}(1/\sqrt{3}) = \pi/6$ [rad]

(b) 実効値 $I_e = \dfrac{12}{|Z|} = \dfrac{12}{\sqrt{1^2+(\sqrt{3})^2}} = \dfrac{12}{2} = 6$ [A]

位相角 $\phi = -\theta = -\tan^{-1}(\sqrt{3}/1) = -\tan^{-1}\sqrt{3} = -\pi/3$ [rad]

（c）　実効値　$I_e = \dfrac{12}{|Z|} = \dfrac{12}{\sqrt{2^2+(-2)^2}} = \dfrac{12}{2\sqrt{2}} = 3\sqrt{2} = 4.24$　[A]

　　　位相角　$\phi = -\theta = -\tan^{-1}(-2/2) = \tan^{-1}1 = \pi/4$　[rad]

（d）　実効値　$I_e = \dfrac{12}{|Z|} = \dfrac{12}{\sqrt{3^2+4^2}} = \dfrac{12}{5} = 2.4$　[A]

　　　位相角　$\phi = -\theta = -\tan^{-1}(4/3) = -0.927$　[rad]

（e）　実効値　$I_e = \dfrac{12}{|Z|} = \dfrac{12}{\sqrt{0^2+6^2}} = \dfrac{12}{6} = 2$　[A]

　　　位相角　$\phi = -\theta = -\tan^{-1}(6/0) = -\tan^{-1}\infty = -\dfrac{\pi}{2}$　[rad]

（f）　実効値　$I_e = \dfrac{12}{|Z|} = \dfrac{12}{\sqrt{0^2+(-4)^2}} = \dfrac{12}{4} = 3$　[A]

　　　位相角　$\phi = -\theta = -\tan^{-1}(-4/0) = \tan^{-1}\infty = \dfrac{\pi}{2}$　[rad]

〈別解〉

　複素数表示のまま計算してもよい．（a）についてのみ解法を示す．電源電圧を複素数表示に直すと，$E_0 = 12\,e^{j0} = 12$ となるので，求める電流は，

$$I = \dfrac{E_0}{Z} = \dfrac{12}{2\sqrt{3}-j\,2} = \dfrac{12(2\sqrt{3}+j\,2)}{(2\sqrt{3})^2+(-2)^2} = \dfrac{24\sqrt{3}+j\,24}{16} = \dfrac{3\sqrt{3}+j\,3}{2}$$

電流の実部を I_r，虚部を I_i とおくと，

$$I_e = \sqrt{I_r^2 + I_i^2},\quad \phi = \tan^{-1}(I_i/I_r)$$

と計算できるので，数値を代入して

　　　実効値　$I_e = \sqrt{\left(\dfrac{3\sqrt{3}}{2}\right)^2 + \left(\dfrac{3}{2}\right)^2} = \sqrt{9} = 3$　[A]

　　　位相角　$\phi = \tan^{-1}\left(\dfrac{3}{2}\bigg/\dfrac{3\sqrt{3}}{2}\right) = \tan^{-1}(1/\sqrt{3}) = \pi/6$　[rad]

と求められる．

問3.8

　電圧源の位相角が0ではないので，インピーダンスを極表示して計算した方が楽である．

（a）　まず全体の合成インピーダンス Z を求めると，$R > 0$ に注意して

　　　$Z = R + j\omega L = |Z|e^{j\theta}$

　　　　ただし，$|Z| = \sqrt{R^2 + \omega^2 L^2}$，$\theta = \tan^{-1}(\omega L/R)$

回路に流れる電流は，

$$I = \frac{E}{Z} = \frac{E_e e^{j\phi}}{|Z|e^{j\theta}} = \frac{E_e}{|Z|} e^{j(\phi-\theta)}$$

よって，実効値　$I_e = \dfrac{E_e}{|Z|} = \dfrac{E_e}{\sqrt{R^2+\omega^2L^2}}$

　　　　位相角　$\theta_I = \phi - \theta = \phi - \tan^{-1}(\omega L/R)$

次に，抵抗の両端の電圧 V_R は，

$$V_R = RI = R \cdot \frac{E_e}{|Z|} e^{j(\phi-\theta)}$$

よって，実効値　$|V_R| = \dfrac{RE_e}{|Z|} = \dfrac{RE_e}{\sqrt{R^2+\omega^2L^2}}$

　　　　位相角　$\theta_R = \phi - \theta = \phi - \tan^{-1}(\omega L/R)$

最後に，コイルの両端の電圧 V_L は，コイルのインピーダンスが

$$j\omega L = \omega L e^{j\pi/2}$$

のように極表示されることから，

$$V_L = j\omega LI = \omega L e^{j\pi/2} \frac{E_e}{|Z|} e^{j(\phi-\theta)} = \frac{\omega L E_e}{|Z|} e^{j(\phi-\theta+\pi/2)}$$

よって，実効値　$|V_R| = \dfrac{\omega L E_e}{|Z|} = \dfrac{\omega L E_e}{\sqrt{R^2+\omega^2L^2}}$

　　　　位相角　$\theta_L = \phi - \theta + \pi/2 = \phi - \tan^{-1}(\omega L/R) + \pi/2$

（b）まず全体の合成インピーダンス Z を求めると，$R>0$ に注意して

$$Z = R + \frac{1}{j\omega C} = R - j\frac{1}{\omega C} = |Z|e^{j\theta}$$

ただし，$|Z| = \sqrt{R^2 + 1/(\omega^2 C^2)}, \quad \theta = -\tan^{-1}\left(\dfrac{1}{\omega CR}\right)$

回路に流れる電流は，

$$I = \frac{E}{Z} = \frac{E_e e^{j\phi}}{|Z|e^{j\theta}} = \frac{E_e}{|Z|} e^{j(\phi-\theta)}$$

よって，実効値　$I_e = \dfrac{E_e}{|Z|} = \dfrac{E_e}{\sqrt{R^2 + \dfrac{1}{\omega^2 C^2}}} = \dfrac{\omega C E_e}{\sqrt{1+\omega^2 C^2 R^2}}$

位相角　$\theta_I = \phi - \theta = \phi + \tan^{-1}\left(\dfrac{1}{\omega CR}\right)$

次に，抵抗の両端の電圧 V_R は，

$$V_R = RI = R \cdot \dfrac{E_e}{|Z|} e^{j(\phi-\theta)}$$

よって，実効値　$|V_R| = \dfrac{RE_e}{|Z|} = \dfrac{\omega CRE_e}{\sqrt{1+\omega^2 C^2 R^2}}$

位相角　$\theta_R = \phi - \theta = \phi + \tan^{-1}\left(\dfrac{1}{\omega CR}\right)$

最後に，コンデンサの両端の電圧 V_L は，コンデンサのインピーダンスが

$$\dfrac{1}{j\omega C} = \dfrac{1}{\omega C} e^{-j\pi/2}$$

のように極表示されることから，

$$V_C = \dfrac{1}{j\omega C} I = \dfrac{1}{\omega C} e^{-j\pi/2} \cdot \dfrac{E_e}{|Z|} e^{j(\phi-\theta)} = \dfrac{E_e}{\omega C |Z|} e^{j(\phi-\theta-\pi/2)}$$

よって，実効値　$|V_R| = \dfrac{E_e}{\omega C |Z|} = \dfrac{E_e}{\sqrt{1+\omega^2 C^2 R^2}}$

位相角　$\theta_L = \phi - \theta - \pi/2 = \phi + \tan^{-1}\left(\dfrac{1}{\omega CR}\right) - \pi/2$

問 3.9

キルヒホッフの電流則より，

$$\begin{aligned}
I_4 &= I_1 + I_2 - I_3 \\
&= 4 + [10\cos(\pi/3) + j\,10\sin(\pi/3)] - [4\cos(-\pi/3) + j\,4\sin(-\pi/3)] \\
&= 4 + (5 + j\,5\sqrt{3}) - (2 - j\,2\sqrt{3}) \\
&= (4+5-2) + j(5\sqrt{3}+2\sqrt{3}) \\
&= 7 + j\,7\sqrt{3}
\end{aligned}$$

この結果から，

実効値　$I_e = \sqrt{7^2 + (7\sqrt{3})^2} = 14$　[A]

位相角　$\theta = \tan^{-1}\dfrac{7\sqrt{3}}{7} = \dfrac{\pi}{3}$　[rad]

問 3.10

キルヒホッフの電圧則より，

$$V = V_1 - V_2 + Z_1 I_1 - Z_2 I_2$$
$$= 10 - 7 + 2 \cdot 1 \, e^{j(-\pi/4 + \pi/4)} - 5 \cdot 2 \, e^{j(\pi/6 + \pi/6)}$$
$$= 10 - 7 + 2 \, e^{j0} - 10 \, e^{j\pi/3}$$
$$= 10 - 7 + 2 - [10 \cos(\pi/3) + j\, 10 \sin(\pi/3)]$$
$$= 10 - 7 + 2 - (5 + j\, 5\sqrt{3})$$
$$= 0 - j\, 5\sqrt{3}$$

したがって,

実効値 $V_e = \sqrt{0 + (-5\sqrt{3})^2} = 5\sqrt{3} = 8.66$ [V]

位相角 $\theta = \tan^{-1}\left(-\dfrac{5\sqrt{3}}{0}\right) = \tan^{-1}(-\infty) = -\dfrac{\pi}{2}$ [rad]

問 3.11

(1) この回路に流れる電流の実効値を I_e とすると,これを用いて V_{12} と V_{23} の実効値は,各々

$$|V_{12}| = |R|I_e = R I_e$$
$$|V_{23}| = |r + j\omega L| I_e = \sqrt{r^2 + (\omega L)^2} I_e$$

となる.これらが相等しいので,上 2 式の右辺を等号で結び,共通部分 I_e を省略すると,

$$\sqrt{r^2 + (\omega L)^2} = R$$

となり,これより求める r は

$$r = \sqrt{R^2 - (\omega L)^2}$$

と求められる.数値を代入すると,

$$r = \sqrt{50^2 - (100\sqrt{3} \cdot 0.25)^2} = \sqrt{50^2 - 25^2 \cdot 3} = \sqrt{25^2 (4-3)} = 25 \quad [\Omega]$$

(2) この回路に流れる電流は,

$$I = \dfrac{V_0}{(R+r) + j\omega L} = I_e e^{j\theta}$$

ただし,実効値 $I_e = \dfrac{V_0}{\sqrt{(R+r)^2 + (\omega L)^2}}$

位相角 $\theta = \tan^{-1}\left(-\dfrac{\omega L}{R+r}\right)$

なので,前問で求めた r の値を用いると,回路を流れる電流 I は,

実効値 $I_e = \dfrac{100}{\sqrt{(50+25)^2 + (25\sqrt{3})^2}} = \dfrac{2}{\sqrt{3}}$ [A]

位相角　$\theta = \tan^{-1}\left(-\dfrac{25\sqrt{3}}{50+25}\right) = \tan^{-1}\left(-\dfrac{1}{\sqrt{3}}\right) = -\dfrac{\pi}{6}$　[rad]

となる．この結果より，V_{12} は，$R = Re^{j0}$ を利用して，

実効値　$|V_{12}| = RI_e = 50 \cdot \dfrac{2}{\sqrt{3}} = \dfrac{100}{\sqrt{3}} = 57.7$　[V]

位相角　$\theta_{12} = 0 + \theta = 0 - \dfrac{\pi}{6} = -\dfrac{\pi}{6}$　[rad]

V_{23} は，

$r + j\omega L = Z_{23} e^{j\theta_Z}$

ただし，$Z_{23} = \sqrt{r^2 + (\omega L)^2}$, $\theta_Z = \angle \tan^{-1}\left(\dfrac{\omega L}{r}\right)$

と，書けるので

実効値　$|V_{23}| = Z_{23} I_e = \sqrt{25^2 + (25\sqrt{3})^2} \cdot \dfrac{2}{\sqrt{3}} = \dfrac{100}{\sqrt{3}} = 57.7$　[V]

（実は，$|V_{23}| = |V_{12}|$ が問題の条件なので計算を省いてよい）

位相角　$\theta_{23} = \theta_Z + \theta = \tan^{-1}\left(\dfrac{25\sqrt{3}}{25}\right) + \left(-\dfrac{\pi}{6}\right) = \dfrac{\pi}{3} - \dfrac{\pi}{6} = \dfrac{\pi}{6}$　[rad]

と求められる．

〈別解〉

フェーザ図により求めることもできる．各部の電圧と電流の関係をフェーザを用いて表すと，右図が得られる．ここで $rI, \omega LI, V_{23}$ がなす直角三角形に着目すると $|V_{23}| = |V_{12}| = RI$ なので，この三角形の各辺の長さは，右下図のような比になることがわかる．ここで，三平方の定理を用いると，

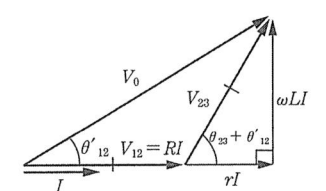

$r = \sqrt{R^2 - (\omega L)^2} = \sqrt{50^2 - (100\sqrt{3} \cdot 0.25)^2} = 25$　[Ω]

また，

$\theta_{23} + \theta_{12}' = \sin^{-1}\dfrac{\omega L}{R} = \sin^{-1}\dfrac{\sqrt{3}}{2} = \dfrac{\pi}{3}$

である．このことと，V_{12}, V_{23}, V_0 がなす三角形が二等辺三角形であることを用いると，

$\theta_{12}' = \pi/6$

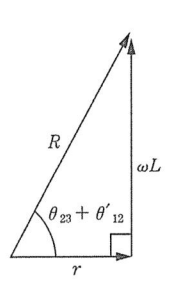

が得られ，

$$\theta_{23} = \pi/3 - \theta_{12}' = \pi/6$$

となる．以上を基に，フェーザ図より V_{12} を求めると，

実効値　$|V_{12}| = \dfrac{V_0}{2} \dfrac{1}{\cos \theta_{12}'} = \dfrac{100}{2} \dfrac{1}{\cos(\pi/6)} = \dfrac{100}{2} \dfrac{2}{\sqrt{3}} = \dfrac{100}{\sqrt{3}}$
$= 57.7 \quad [\text{V}]$

位相角　$\theta_{12} = -\theta_{12}' = -\dfrac{\pi}{6}$ [rad]（位相角は V_0 が基準であることに注意）

V_{23} は，位相角はすでに求めており，実効値は V_{12} に等しいので

実効値　$|V_{23}| = |V_{12}| = 57.7$ [V]

位相角　$\theta_{23} = \pi/6$ [rad]

問 3.12

この回路の合成インピーダンスを求めると，

$$Z = R + j\left(\omega L - \dfrac{1}{\omega C}\right)$$

である．Z の虚部を X とおき，$Z = R + jX$ として，この回路に流れる電流の実効値を求めると

$$I_e = \dfrac{|E|}{\sqrt{R^2 + X^2}}$$

である．$R = 0\,\Omega$ としたとき $I_e = 0.15\,\text{A}$ だったので，

$$\dfrac{3}{\sqrt{0^2 + X^2}} = 0.15 \quad \text{すなわち，} \quad X = \pm\dfrac{3}{0.15} = \pm 20 \quad [\Omega]$$

したがって，$I_e = 0.12\,\text{A}$ となるような抵抗 R の値は，

$$\dfrac{3}{\sqrt{R^2 + (\pm 20)^2}} = 0.12$$

を，R が正であることに注意して解いて，

$$R = \sqrt{\left(\dfrac{3}{0.12}\right)^2 - (\pm 20)^2} = \sqrt{25^2 - 20^2} = 15 \quad [\Omega]$$

問 3.13

検流計に電流が流れない条件（ブリッジの平衡条件）は，端子 2 と 3 が等電位であることである．すなわち，2-4 間，3-4 間の電圧が等しければよいので，

$$\frac{Z_2}{Z_1+Z_2}E = \frac{Z_4}{Z_3+Z_4}E$$

整理して,
$$Z_2(Z_3+Z_4) = Z_4(Z_1+Z_2)$$
したがって, 平衡条件は
$$Z_1Z_4 = Z_2Z_3$$
である(この結果は正弦波交流回路におけるブリッジの平衡条件であり, 覚えておくこと). 数値を代入して Z_4 の値を求めると,

$$Z_4 = \frac{Z_2Z_3}{Z_1} = \frac{(6+j\,2)(6-j\,2)}{3-j\,4} = \frac{40}{3-j\,4} = \frac{40(3+j\,4)}{25}$$

$$= \frac{24}{5} + j\frac{32}{5} = 4.8 + j\,6.4 \quad [\Omega]$$

問 3.14

ブリッジの平衡条件より

$$(R_1+j\omega L)\left(R_4+\frac{1}{j\omega C}\right) = R_2R_3$$

展開して, 実部と虚部に分けて整理すると,

$$R_1R_4 - R_2R_3 + L/C + j\left(\omega LR_4 - \frac{R_1}{\omega C}\right) = 0$$

左辺において, 実部, 虚部が各々 0 とならなければならないので,

実部より $\quad L = -(R_1R_4 - R_2R_3)C \quad$ (1)

虚部より $\quad \omega^2 LC = R_1/R_4 \quad$ (2)

式(2)に式(1)を代入して L を消去すると,

$$C^2 = \frac{R_1}{\omega^2(R_2R_3 - R_1R_4)R_4}$$

C が正であることに注意しつつ, 数値を代入して C の値を求めると,

$$C = \frac{1}{10^5}\sqrt{\frac{9}{(5\cdot5 - 9\cdot1)\cdot1}} = \frac{1}{10^5}\sqrt{\frac{9}{16}} = \frac{3}{4}\times10^{-5}$$

$$= 7.5\times10^{-6}[\text{F}] = 7.5[\mu\text{F}]$$

この結果を基に, 式(1)に数値を代入して

$$L = -(9\cdot1 - 5\cdot5)\cdot\frac{3}{4}\times10^{-5} = 12\times10^{-5}[\text{H}] = 0.12[\text{mH}]$$

問 3.15

2つの回路が等価であるためには,合成インピーダンスが周波数によらず一致すればよい.回路(a)と回路(b)の合成インピーダンス Z_A, Z_B は,各々

$$Z_A = R_1 + \frac{j\omega L_1 R_2}{R_2 + j\omega L_1} = \frac{R_1 R_2 + j\omega L_1 (R_1 + R_2)}{R_2 + j\omega L_1}$$

$$Z_B = \frac{R_3 (R_4 + j\omega L_2)}{R_3 + (R_4 + j\omega L_2)} = \frac{R_3 R_4 + j\omega L_2 R_3}{R_3 + R_4 + j\omega L_2}$$

$Z_A = Z_B$ より,

$$[R_1 R_2 + j\omega L_1 (R_1 + R_2)] \cdot (R_3 + R_4 + j\omega L_2) = (R_3 R_4 + j\omega L_2 R_3)(R_2 + j\omega L_1)$$

ω について整理すると,

$$L_1 L_2 [-(R_1 + R_2) + R_3] \omega^2 + j[L_1 (R_1 + R_2)(R_3 + R_4) + L_2 R_1 R_2$$
$$- L_1 R_3 R_4 - L_2 R_2 R_3] \omega + [R_1 R_2 (R_3 + R_4) - R_2 R_3 R_4] = 0$$

この式が ω によらず成立しなければならないので恒等式となり,ω の係数部分が各々独立に0となるので,以下の連立方程式が得られる.

$$L_1 L_2 [-(R_1 + R_2) + R_3] = 0 \qquad (1)$$
$$L_1 (R_1 + R_2)(R_3 + R_4) + L_2 R_1 R_2 - L_1 R_3 R_4 - L_2 R_2 R_3 = 0 \qquad (2)$$
$$R_1 R_2 (R_3 + R_4) - R_2 R_3 R_4 = 0 \qquad (3)$$

式(1)より

$$R_3 = R_1 + R_2$$

式(3)より

$$R_4 = \frac{R_1 R_2 R_3}{(R_3 - R_1) R_2} = \frac{R_1 R_2 (R_1 + R_2)}{[(R_1 + R_2) - R_1] \cdot R_2} = \frac{R_1 (R_1 + R_2)}{R_2}$$

これらの結果を式(2)に代入すると,

$$L_2 = \frac{L_1 (R_1 + R_2)(R_3 + R_4) - L_1 R_3 R_4}{R_2 (R_3 - R_1)}$$

$$= \frac{L_1 (R_1 + R_2)[(R_1 + R_2) + R_1 (R_1 + R_2)/R_2] - L_1 (R_1 + R_2) \cdot R_1 (R_1 + R_2)/R_2}{R_2 \cdot R_2}$$

$$= \frac{L_1 (R_1 + R_2)^2}{R_2^2} \cdot \left(1 + \frac{R_1}{R_2} - \frac{R_1}{R_2}\right)$$

$$= \frac{L_1 (R_1 + R_2)^2}{R_2^2}$$

と,R_3, R_4, L_2 が得られる.

問 3.16

回路の入力電圧の実効値を値 V_0 とすると，

共振角周波数　$\omega_0 = 1/\sqrt{LC}$

共振周波数　　$f_0 = \omega_0/2\pi$

Q 値　　　　$Q = \omega_0 L/R$

比帯域幅　　　$\Delta f/f_0 = 1/Q$

電流の最大値　$I_M = V_0/R$ （電流の実効値 I_e の式に $\omega = \omega_0$ を代入）

により計算できる．以下各問について数値を代入すると，

(1)　$L = 1\,\text{mH},\ C = 10\,\text{pF},\ R = 5\,\Omega$

$\omega_0 = 1/\sqrt{1\times10^{-3}\cdot 10\times10^{-12}} = 1\times10^7$　[rad/s]

$f_0 = (1\times10^7)/2\pi = 1.59\times10^6\,[\text{Hz}] = 1.59\,[\text{MHz}]$

$Q = \omega_0 L/R = (1\times10^7)\cdot(1\times10^{-3})/5 = 2\times10^3 = 2000$

$\Delta f/f_0 = 1/(2\times10^3) = 5\times10^{-4}$

$I_M = 10/5 = 2$　[A]

(2)　$L = 0.3\,\text{H},\ C = 120\,\text{pF},\ R = 10\,\Omega$

$\omega_0 = 1/\sqrt{3\times10^{-1}\cdot 120\times10^{-12}} = 1/(6\times10^{-6}) = 1.67\times10^5$　[rad/s]

$f_0 = 1/2\pi\,(6\times10^{-6}) = 2.65\times10^4\,[\text{Hz}] = 26.5\,[\text{kHz}]$

$Q = \omega_0 L/R = 0.3/(6\times10^{-6}\cdot 10) = 5\times10^3 = 5000$

$\Delta f/f_0 = 1/(5\times10^3) = 2\times10^{-4}$

$I_M = 10/10 = 1$　[A]

(3)　$L = 20\,\text{mH},\ C = 8\,\mu\text{F},\ R = 2\,\Omega$

$\omega_0 = 1/\sqrt{20\times10^{-3}\cdot 8\times10^{-6}} = 1/(4\times10^{-4}) = 2.5\times10^3$　[rad/s]

$f_0 = 1/2\pi\,(4\times10^{-4}) = 3.98\times10^2\,[\text{Hz}] = 398\,[\text{Hz}]$

$Q = \omega_0 L/R = (20\times10^{-3})/(4\times10^{-4}\cdot 2) = 2.5\times10^1 = 25$

$\Delta f/f_0 = 1/25 = 0.04$

$I_M = 10/2 = 5$　[A]

(4)　$L = 5\,\text{mH},\ C = 200\,\text{pF},\ R = 1\,\Omega$

$\omega_0 = 1/\sqrt{5\times10^{-3}\cdot 200\times10^{-12}} = 1/(1\times10^{-6}) = 1\times10^6$　[rad/s]

$f_0 = (1\times10^6)/2\pi = 1.59\times10^5\,[\text{Hz}] = 159\,[\text{kHz}]$

$Q = \omega_0 L/R = (1\times10^6\cdot 5\times10^{-3})/1 = 5\times10^3 = 5000$

$\Delta f/f_0 = 1/(5\times10^3) = 2\times10^{-4}$

$I_M = 10/1 = 10$　[A]

問 3.17

まず，この回路の共振角周波数と Q は，各々

$$\omega_0 = 1/\sqrt{LC} = 1/\sqrt{0.5\times 10^{-3}\cdot 20\times 10^{-12}} = 1\times 10^7 \quad [\text{rad/s}]$$

$$Q = \omega_0 L/R = 1\times 10^7 \cdot 0.5\times 10^{-3}/10 = 500$$

回路に流れる電流は，電源の周波数が共振周波数のときは，

$$I = V_0/R = 6/10 = 0.6 \quad [\text{A}]$$

である．これを用いると，R, L, C の両端の電圧は，各々

$$V_R = R\cdot I = R\cdot \frac{V_0}{R} = V_0 = 6 \quad [\text{V}]$$

$$V_L = j\omega_0 L\cdot I = j\frac{\omega_0 L}{R}V_0 = jQV_0 = j\,500\cdot 6 = 3000\,e^{j\pi/2} \quad [\text{V}]$$

$$V_C = \frac{I}{j\omega_0 C} = -j\frac{\omega_0}{\omega_0^2 CR}V_0 = -j\frac{\omega_0 L}{R}V_0 = -jQV_0 = 3000\,e^{-j\pi/2} \quad [\text{V}]$$

となり，瞬時値で表すと

$$i(t) = \sqrt{2}\cdot 0.6\sin(10^7 t) = 0.85\sin(10^7 t) \quad [\text{A}]$$

$$v_R(t) = \sqrt{2}\cdot 6\sin(10^7 t) = 8.5\sin(10^7 t) \quad [\text{V}]$$

$$v_L(t) = \sqrt{2}\cdot 3000\sin(10^7 t + \pi/2) = 4.2\sin(10^7 t + \pi/2) \quad [\text{kV}]$$

$$v_L(t) = \sqrt{2}\cdot 3000\sin(10^7 t - \pi/2) = 4.2\sin(10^7 t - \pi/2) \quad [\text{kV}]$$

問 3.18

f_0 と Q は，共振角周波数を ω_0 とすると各々以下の式で表される．

$$f_0 = \frac{\omega_0}{2\pi} = \frac{1}{2\pi\sqrt{LC}}$$

$$Q = \frac{\omega_0 L}{R} = \frac{2\pi f_0 L}{R}$$

C と R 以外は既知なので，両式を変形して数値を代入すると

$$C = \frac{1}{(2\pi\cdot 1.5\times 10^6)^2\cdot 0.1\times 10^{-3}} = 1.13\times 10^{-10}\,[\text{F}] = 113\,[\text{pF}]$$

$$R = \frac{2\pi\cdot 1.5\times 10^6\cdot 0.1\times 10^{-3}}{100} = 9.4 \quad [\Omega]$$

問 3.19

電圧 V を求めると，

$$V = \frac{R_2 + \dfrac{1}{j\omega C}}{R_1 + R_2 + \dfrac{1}{j\omega C}} E_0 = \frac{1 + j\omega C R_2}{1 + j\omega C (R_1 + R_2)} E_0$$

電源 E_0 の電圧の実効値を V_0 と置いて，この実効値を求めると，

$$|V| = \sqrt{\frac{1 + \omega^2 C^2 R_2^2}{1 + \omega^2 C^2 (R_1 + R_2)^2}}\, V_0$$

ここで，$\omega = 0$ のときの実効値を求めると，

$$|V| = \sqrt{\frac{1 + 0}{1 + 0}}\, V_0 = V_0$$

次に $\omega = \infty$ のときの実効値を求めると，

$$|V| \to \sqrt{\frac{(1/\omega^2) + C^2 R_2^2}{(1/\omega^2) + C^2 (R_1 + R_2)^2}}\, V_0 = \sqrt{\frac{0 + C^2 R_2^2}{0 + C^2 (R_1 + R_2)^2}}\, V_0 = \frac{R_2}{R_1 + R_2} V_0$$

よって，V の実効値の周波数特性のおおよその様子は，下図のようになる．

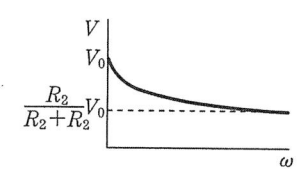

問 3.20

まず，出力電圧 V を求めると，

$$V = \frac{\dfrac{1}{j\omega C}}{R + \dfrac{1}{j\omega C}} E_0 = \frac{1}{1 + j\omega C R} E_0$$

電源 E_0 の電圧の実効値を V_0 として実効値を求めると

$$|V| = \frac{V_0}{\sqrt{1 + \omega^2 C^2 R^2}}$$

この式より

- $\omega = 0$ のとき $|V| = V_0$
- $\omega \gg 1$ のとき $|V| \cong V_0 / \omega C R$
- $\omega \to \infty$ のとき $|V| = 0$

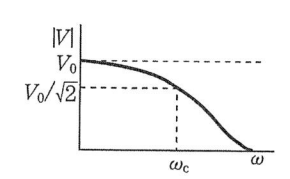

となり，周波数特性の概形を示すと，上図のようになる．すなわち，この回路は低域通過フィルタである．次に，遮断周波数の定義は，実効値が最大値の $1/\sqrt{2}$ となる周波数であり，最大値は $|V|=V_0(\omega=0)$ であるから，方程式

$$\frac{1}{\sqrt{1+\omega_c^2 C^2 R^2}} = \frac{1}{\sqrt{2}}$$

を解けばよい．辺々2乗して書き直すと

$$\omega_c^2 C^2 R^2 = 1$$

よって遮断周波数は，

$$f_c = \frac{\omega_c}{2\pi} = \frac{1}{2\pi CR}$$

である．

問 3.21

まず，出力電圧 V を求めると，

$$V = \frac{j\omega L}{R + j\omega L} E_0$$

電源 E_0 の電圧の実効値を V_0 として実効値を求めると

$$|V| = \frac{\omega L V_0}{\sqrt{R^2 + \omega^2 L^2}} = \frac{L V_0}{\sqrt{\dfrac{R^2}{\omega^2} + L^2}}$$

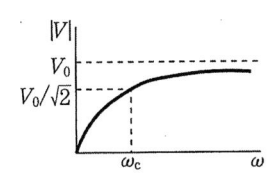

この式より

$\omega = 0$ のとき $|V| = 0$

$\omega \to \infty$ のとき $|V| = V_0$ （最大値）

となり，周波数特性の概形を示すと，右上図のようになる．すなわち，この回路は高域通過フィルタである．次に，遮断周波数は，実効値が最大値の $1/\sqrt{2}$ となる周波数なので

$$\frac{\omega_c L}{\sqrt{R^2 + \omega_c^2 L^2}} = \frac{1}{\sqrt{2}}$$

を解けばよい．辺々2乗して書き直すと

$$\omega_c^2 L^2 = R^2$$

よって遮断周波数は，

$$f_c = \frac{\omega_c}{2\pi} = \frac{R}{2\pi L}$$

問 4.1

電圧 V，電力 P，素子の抵抗 R の間には以下の関係がある．

$$P = \frac{V^2}{R}$$

したがって，求める抵抗は，

$$R = \frac{V^2}{P} = \frac{100^2}{60} = \frac{500}{3} = 137 \quad [\Omega]$$

次に，この白熱灯に 50 V の電源をつないだときに流れる電流は，オームの法則より，

$$I = \frac{50}{R} = \frac{50}{500/3} = \frac{150}{500} = \frac{3}{10} = 0.3 \quad [A]$$

消費される電力は

$$P = 50 \cdot I = 50 \times 0.3 = 15 \quad [W]$$

問 4.2

抵抗回路において，電力は

$$P = VI = V^2/R$$

と，電圧源から供給される電力は抵抗の大きさに反比例するので，50Ω の電熱器の方が多くのエネルギーを消費し，早くお湯がわく．

問 4.3

(a) 抵抗 R_3 の両端の電圧 V は

$$V = \frac{R_3 E_0}{R_1 + R_2 + R_3} = \frac{3 \cdot 12}{6 + 3 + 3} = 3 \quad [V]$$

よって R_3 で消費される電力 P は

$$P = \frac{V^2}{R_3} = \frac{3^2}{3} = 3 \quad [W]$$

(b) 抵抗 R_3 の両端の電圧は，回路図よりすぐに $V = 12$ V と求まる．よって，R_3 で消費される電力 P は

$$P = \frac{V^2}{R_3} = \frac{12^2}{3} = 48 \quad [W]$$

(c) 抵抗 R_3 の両端の電圧 V は

$$V = \frac{\frac{R_2 R_3}{R_2+R_3} E_0}{R_1 + \frac{R_2 R_3}{R_2+R_3}} = \frac{R_2 R_3 E_0}{R_1 R_2 + R_2 R_3 + R_3 R_1} = \frac{3\cdot 3 \cdot 12}{6\cdot 3+3\cdot 3+3\cdot 6} = \frac{12}{5} \quad [\text{V}]$$

よってR_3で消費される電力Pは

$$P = \frac{V^2}{R_3} = \frac{(12/5)^2}{3} = \frac{48}{25} = 1.92 \quad [\text{W}]$$

(d) 抵抗R_3の両端の電圧Vは

$$V = \frac{R_3 E_0}{R_2+R_3} = \frac{3\cdot 12}{3+3} = 6 \quad [\text{V}]$$

よってR_3で消費される電力Pは

$$P = \frac{V^2}{R_3} = \frac{6^2}{3} = 12 \quad [\text{W}]$$

問 4.4

電力の計算式を変形して,

電流 $I = P/V = 50/100 = 0.5 \quad [\text{A}]$

抵抗 $R = V/I = 100/0.5 = 200 \quad [\Omega]$

〈別解〉

$P = V^2/R$ より $R = V^2/P = 100^2/50 = 200 \quad [\Omega]$

問 4.5

電圧・電流の最大値V_m, I_mと,実効値V_e, I_eとの関係は,各々
$V_e = V_m/\sqrt{2}, \ I_e = I_m/\sqrt{2}$
なので,皮相電力P_aはV_m, I_mを用いると

$$P_a = \frac{1}{2} V_m I_m$$

と表される.したがって

(1) 皮相電力 $P_a = \frac{1}{2} \times 100 \times 5 = 250 \quad [\text{VA}]$

力率 $\cos\theta = \cos(\pi/4 - \pi/2) = \cos(-\pi/4) = 0.707$

有効電力 $P = P_a \cos\theta = 250\cos(-\pi/4) = 177 \quad [\text{W}]$

(2) 皮相電力 $P_a = \frac{1}{2} \times 50 \times 5 = 125 \quad [\text{VA}]$

力率　　　$\cos\theta = \cos(\pi/6) = 0.866$
有効電力　$P = P_a \cos\theta = 125\cos(\pi/6) = 108$　[W]

(3)　皮相電力　$P_a = \dfrac{1}{2} \times 1000 \times 20 = 10000$　[VA]

力率　　　$\cos\theta = \cos[\pi/6-(-\pi/3)] = \cos(\pi/2) = 0$
有効電力　$P = P_a \cos\theta = 10000\cos(\pi/2) = 0$　[W]

問 4.6

$V = V_r + jV_i$ [V], $I = I_r + jI_i$ [A] とおくと，
有効電力　$P = V_r \cdot I_r + V_i \cdot I_i$　[W]
皮相電力　$P_a = \sqrt{V_r^2 + V_i^2} \cdot \sqrt{I_r^2 + I_i^2}$　[VA]
力率　　　$\cos\theta = P/P_a$

により計算できる．したがって，

(1)　有効電力　$P = 5\sqrt{3} \times \sqrt{3} + 5 \times (-1) = 10$　[W]
　　皮相電力　$P_a = \sqrt{(5\sqrt{3})^2 + 5^2} \times \sqrt{\sqrt{3}^2 + (-1)^2} = 10 \times 2 = 20$　[VA]
　　力率　　　$\cos\theta = P/P_a = 10/20 = 0.5$

〈参考〉力率については，以下のように計算してもよい．

$\cos\theta = \cos[\tan^{-1}(V_i/V_r) - \tan^{-1}(I_i/I_r)]$

$= \cos\left[\tan^{-1}\left(\dfrac{5}{5\sqrt{3}}\right) - \tan^{-1}(-1/\sqrt{3})\right]$

$= \cos[\pi/6 - (-\pi/6)] = \cos(\pi/3) = 0.5$

(2)　有効電力　$P = 10 \times 2 + 10 \times 2 = 40$　[W]
　　皮相電力　$P_a = \sqrt{10^2 + 10^2} \times \sqrt{2^2 + 2^2} = 10\sqrt{2} \times 2\sqrt{2} = 40$　[VA]
　　力率　　　$\cos\theta = P/P_a = 40/40 = 1$

(3)　有効電力　$P = 10 \times 5 + 10 \times (-5) = 0$　[W]
　　皮相電力　$P_a = \sqrt{10^2 + 10^2} \times \sqrt{5^2 + 5^2} = 10\sqrt{2} \times 5\sqrt{2} = 100$　[VA]
　　力率　　　$\cos\theta = P/P_a = 0/100 = 0$

問 4.7

入力電圧 $v(t)$ を複素数表示で表すと，位相角が 0 なので，$V = V_e = 100$ V と，実効値を用いて実数で表される．したがって，端子間の合成インピーダンスを $R + jX$ とおくと電流は，

$$I = \dfrac{V_e}{R + jX} = \dfrac{RV_e}{R^2 + X^2} - j\dfrac{XV_e}{R^2 + X^2} = I_e e^{j\theta}$$

ただし, $I_e = \dfrac{V_e}{\sqrt{R^2+X^2}}$, $\theta = \tan^{-1}(-X/R)$

すなわち,瞬時値は $i(t) = \sqrt{2} I_e \sin(\omega t + \theta)$ となる.抵抗に消費される電力は,有効電力 P であり,力率と P は各々

$$\cos\theta = \cos\left(\tan^{-1}\frac{X}{R}\right)$$

$$P = V \cdot I \cos\theta = \frac{V^2}{\sqrt{R^2+X^2}}\cos\theta$$

により計算できる.

$V = 100$ [V]

$\omega = 2\pi f = 2\times\pi\times 50 = 100\pi = 314$ [rad/s]

を用いて計算すると,

(a) RL 直列回路

$$i(t) = \frac{\sqrt{2}\cdot 100}{\sqrt{20^2+(314\cdot 20\times 10^{-3})^2}}\sin\left(\omega t - \tan^{-1}\frac{314\cdot 20\times 10^{-3}}{20}\right)$$

$\quad = 6.75\sin(\omega t - 17.4°)$ [A]

$\cos\theta = \cos(-17.4°) = 0.954$

$P = VI\cos\theta = 100\times\dfrac{6.75}{\sqrt{2}}\times 0.954 = 455$ [W]

(b) RC 直列回路

$$i(t) = \frac{\sqrt{2}\cdot 100}{\sqrt{20^2+(314\cdot 200\times 10^{-6})^{-2}}}\sin\left(\omega t + \tan^{-1}\frac{1}{20\times 314\cdot 200\times 10^{-6}}\right)$$

$\quad = 5.53\sin(\omega t + 38.5°)$ [A]

$\cos\theta = \cos(38.5°) = 0.782$

$P = VI\cos\theta = 100\times\dfrac{5.53}{\sqrt{2}}\times 0.782 = 306$ [W]

問 5.1

要するに和動結合の等価な T 型回路を求める問題であるが,ここではその証明を兼ねて,改めて等価回路を求めてみる.(b)の回路について回路方程式を立てると,

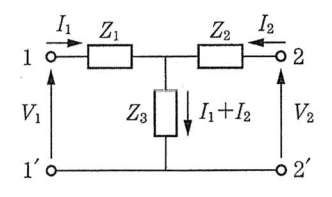

$$V_1 = Z_1 I_1 + Z_3(I_1+I_2) = (Z_1+Z_3)I_1 + Z_3 I_2$$
$$V_2 = Z_2 I_2 + Z_3(I_1+I_2) = Z_3 I_1 + (Z_2+Z_3)I_2$$

となる．一方，(a)の変成器の基本式は，

$$V_1 = j\omega L_1 I_1 - j\omega M I_2$$
$$V_2 = -j\omega M I_1 + j\omega L_2 I_2$$

これらの方程式を比較すると，

$$Z_1+Z_3 = j\omega L_1, \ Z_3 = -j\omega M, \ Z_2+Z_3 = j\omega L_2$$

と，連立方程式が得られ，これらを解くと

$$Z_1 = j\omega(L_1+M), \ Z_2 = j\omega(L_2+M), \ Z_3 = -j\omega M$$

が得られる．

問 5.2

電源の位相を基準（位相角 $\theta=0$）として式を立てる．変成器の基本式（ただし，この問題の図では I_2 の向きが逆に定義されている点に注意）とオームの法則より

$$E = j\omega L_1 I_1 - j\omega M I_2 \qquad (1)$$
$$V_2 = j\omega M I_1 - j\omega L_2 I_2 \qquad (2)$$
$$V_2 = R I_2 \qquad (3)$$

式(2),(3)より V_2 を消去すると，

$$I_2 = \frac{j\omega M}{R+j\omega L_2} I_1 \qquad (4)$$

式(1)に代入して

$$E = j\omega L_1 I_1 - j\omega M \frac{j\omega M}{R+j\omega L_2} I_1 = \frac{j\omega L_1 R - \omega^2(L_1 L_2 - M^2)}{R+j\omega L_2} I_1$$

ここで，$L_1 L_2 - M^2 = 0$ を用いて整理し，I_1 を求めると，

$$I_1 = \frac{R+j\omega L_2}{j\omega L_1 R} E, \quad 実効値は, \quad |I_1| = \frac{\sqrt{R^2+\omega^2 L_2^2}}{\omega L_1 R} E$$

式(4)に代入して，

$$I_2 = \frac{j\omega M}{R+j\omega L_2} \cdot \frac{R+j\omega L_2}{j\omega L_1 R} E = \frac{M}{L_1 R} E, \quad 実効値は, \quad |I_2| = \frac{M}{L_1 R} E$$

式(3)に代入して

$$V_2 = R \cdot \frac{M}{L_1 R} E = \frac{M}{L_1} E, \quad 実効値は, \quad |V_2| = \frac{M}{L_1} E$$

問 5.3

変成器の基本式

$$V_1 = j\omega L_1 I_1 + j\omega M I_2 \qquad (1)$$
$$V_2 = j\omega M I_1 + j\omega L_2 I_2 \qquad (2)$$

において,端子 2-2' 間が短絡されており,

$$V_2 = 0$$

となるので,式(2)より

$$I_2 = -\frac{M}{L_2} I_1 \qquad (3)$$

式(1)に代入して I_1 を求めると,

$$I_1 = -j \frac{V_1}{\omega(L_1 - M^2/L_2)}$$

数値を代入して

$$I_1 = -j \frac{10}{250 \cdot (0.02 - 0.01^2/0.01)} = -j\,4 = 4\,e^{-j\pi/2} \quad [\text{A}]$$

この結果を式(3)に代入すると I_2 が得られ,

$$I_2 = -\frac{0.01}{0.01} \cdot (-j\,4) = j\,4 = 4\,e^{j\pi/2} \quad [\text{A}]$$

問 5.4

正弦波交流回路なので,$v_1(t) \to V_1 = E_0$,$i_1(t) \to I_1$,$v_2(t) \to V_2$ とおいてフェーザの形で計算して,最後に瞬時値に直す.

(a) 変成器の基本式において,出力端が開放されているので $I_2 = 0$ であり,

$$V_1 = j\omega L_1 I_1$$
$$V_2 = j\omega M I_1$$

となる.両式より I_1, V_2 を求めると

$$I_1 = \frac{V_1}{j\omega L_1} = \frac{E_0}{\omega L_1} e^{j(-\pi/2)} \quad \text{瞬時値は,} \quad i_1(t) = \sqrt{2}\,\frac{E_0}{\omega L_1}\sin\left(\omega t - \frac{\pi}{2}\right)$$

$$V_2 = \frac{M}{L_1} V_1 = \frac{M E_0}{L_1} e^{j0} \quad \text{瞬時値は,} \quad v_2(t) = \sqrt{2}\,\frac{M E_0}{L_1}\sin(\omega t)$$

(b) 同様に変成器の基本式は,$I_2 = 0$ より,

$$V_1 = j\omega L_1 I_1$$
$$V_2 = -j\omega M I_1$$

演習問題解答例 149

となる．したがって，$i_1(t)$ は(a)と同じ値で，$v_2(t)$ は符号が逆転する．答は，

$$I_1 = \frac{V_1}{j\omega L_1} = \frac{E_0}{\omega L_1} e^{j(-\pi/2)} \quad \text{瞬時値は，} \quad i_1(t) = \sqrt{2}\frac{E_0}{\omega L_1}\sin\left(\omega t - \frac{\pi}{2}\right)$$

$$V_2 = \frac{M}{L_1}V_1 = -\frac{ME_0}{L_1}e^{j0} \quad \text{瞬時値は，} \quad v_2(t) = -\sqrt{2}\frac{ME_0}{L_1}\sin(\omega t)$$

問 5.5

変成器の基本式

$$V_1 = j\omega L_1 I_1 + j\omega M I_2$$
$$V_2 = j\omega M I_1 + j\omega L_2 I_2$$

をもとに求める．

(1) 右図のように，端子 1-1′ に電源が接続され，端子 2-2′ が開放（$I_2=0$）である状態での 1-1′ 間のインピーダンスを求めるとよい．$I_2=0$ より基本式の第 1 式は

$$V_1 = j\omega L_1 I_1$$

となるので，1-1′ 間のインピーダンスは

$$Z_{1\text{-}1'} = \frac{V_1}{I_1} = j\omega L_1$$

となり，これより求めるインダクタンスは L_1 である．

(2) 同様にして，端子 2-2′ に電源が接続され，端子 1-1′ が開放（$I_1=0$）の状態について考えればよく，

$$Z_{2\text{-}2'} = \frac{V_2}{I_2} = j\omega L_2$$

となり，これより求めるインダクタンスは L_2 である．

(3) 右下図のように，端子 1-2 に電源が接続され，端子間電圧，電流が，各々 E，I の場合について，

$$Z_{1\text{-}2} = \frac{E}{I}$$

を求めればよい．ここで，右図より

$$E = V_1 - V_2$$
$$I = I_1 = -I_2$$

の関係があるので，これらと変成器の基本式を用いて

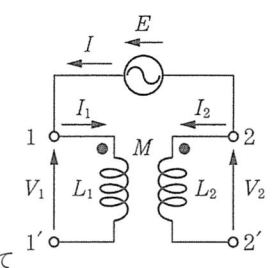

$$Z_{1-2} = \frac{E}{I} = \frac{V_1-V_2}{I} = \frac{j\omega L_1 I_1 + j\omega M I_2 - j\omega M I_1 - j\omega L_2 I_2}{I}$$

$$= \frac{j\omega(L_1+L_2-2M)I}{I} = j\omega(L_1+L_2+2M)$$

よって，求めるインダクタンスは，L_1+L_2-2M である．

〈別解〉

等価回路から求めると，より簡単である．

(1) L_2-M が含まれる枝は，端子2が開いているので死んでおり，
$$L_{1-1'} = (L_1-M)+M = L_1$$

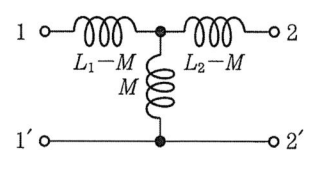

(2) 同様に L_1-M が含まれる枝は，端子1が開いているので死んでおり，
$$L_{2-2'} = (L_2-M)+M = L_2$$

(3) M が含まれる枝は，端子1′ と 2′ が開いているので死んでおり，
$$L_{1-2} = (L_2-M)+(L_1-M) = L_1+L_2-2M$$

問 5.6

(a) 端子2-2′ 間が開放されているので，変成器の基本式に $I_2=0$ を代入すると，
$$V_1 = j\omega L_1 I_1$$
$$V_2 = j\omega M I_1$$
これらのうち第1式とインピーダンスの定義より
$$Z = \frac{V_1}{I_1} = j\omega L_1$$

(b) 端子2-2′ 間が短絡されているので，変成器の基本式に $V_2=0$ を代入すると，
$$V_1 = j\omega L_1 I_1 + j\omega M I_2$$
$$0 = j\omega M I_1 + j\omega L_2 I_2$$
第2式より
$$I_2 = -\frac{M}{L_2}I_1$$
第1式に代入して
$$V_1 = j\omega L_1 I_1 - j\omega \frac{M^2}{L_2}I_1 = j\omega \frac{L_1 L_2 - M^2}{L_2}I_1$$
インピーダンスの定義より，

$$Z = \frac{V_1}{I_1} = j\omega \frac{L_1L_2 - M^2}{L_2}$$

（c） 理想変成器の基本式より，

$V_1 = V_2/n$

$I_1 = -nI_2$

これらを用いると，インピーダンスの定義より

$$Z = \frac{V_1}{I_1} = \frac{V_2/n}{-nI_2} = -\frac{1}{n^2} \cdot \frac{V_2}{I_2}$$

一方，オームの法則（ただし，I_2 の向きの定義から — がつく）より

$V_2 = -RI_2$

インピーダンスは

$$Z = -\frac{1}{n^2} \frac{(-RI_2)}{I_2} = \frac{R}{n^2}$$

問 5.7

（a） 電圧・電流を右図のように定義すると，

$V = V_1 - V_2$

$I_1 = -I_2$

である．また，端子間のインピーダンスは，

$Z = V/I_1$

により求められる．変成器の基本式より，

$V_1 = j\omega L_1 I_1 + j\omega M I_2 = j\omega (L_1 - M) I_1$

$V_2 = j\omega M I_1 + j\omega L_2 I_2 = j\omega (M - L_2) I_1$

なので，

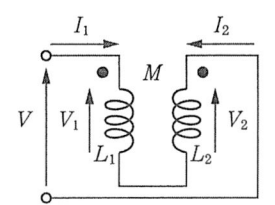

$$Z = \frac{V}{I_1} = \frac{V_1 - V_2}{I_1} = \frac{j\omega[(L_1-M)-(M-L_2)]I_1}{I_1} = j\omega(L_1 + L_2 - 2M)$$

よって等価な自己インダクタンスは，

$$L = \frac{Z}{j\omega} = L_1 + L_2 - 2M$$

（b） 同様にして考えると，この場合は変成器が和動なので，基本式は

$V_1 = j\omega L_1 I_1 - j\omega M I_2 = j\omega(L_1 + M)I_1$

$V_2 = -j\omega M I_1 + j\omega L_2 I_2 = -j\omega(M + L_2)I_1$

なので，

$$Z = \frac{V}{I_1} = \frac{V_1 - V_2}{I_1} = j\omega(L_1 + L_2 + 2M)$$

よって等価な自己インダクタンスは,

$$L = \frac{Z}{j\omega} = L_1 + L_2 + 2M$$

問 6.1

V_1, V_2 を I_1, I_2 で表すように回路方程式を立てると,

$$V_1 = Z_1 I_1, \quad V_2 = Z_2 I_2$$

これらの方程式を行列形に書き改めると,

$$\begin{bmatrix} V_1 \\ V_2 \end{bmatrix} = \begin{bmatrix} Z_1 & 0 \\ 0 & Z_2 \end{bmatrix} \begin{bmatrix} I_1 \\ I_2 \end{bmatrix}$$

ゆえに, 求める Z 行列は,

$$Z = \begin{bmatrix} Z_1 & 0 \\ 0 & Z_2 \end{bmatrix}$$

また, Y 行列は,

$$Y = Z^{-1} = \begin{bmatrix} 1/Z_1 & 0 \\ 0 & 1/Z_2 \end{bmatrix}$$

ちなみに, K 行列は, 1-1′ と 2-2′ の間に電気的な接続がないので存在しない.

問 6.2

I_1, I_2 を V_1, V_2 で表すように回路方程式を立てると,

$$I_1 = YV_1, \quad I_2 = 0$$

なので, これらを行列形で書き表すと,

$$\begin{bmatrix} I_1 \\ I_2 \end{bmatrix} = \begin{bmatrix} Y & 0 \\ 0 & 0 \end{bmatrix} \begin{bmatrix} V_1 \\ V_2 \end{bmatrix}$$

ゆえに, 求める Y 行列は,

$$Y = \begin{bmatrix} Y & 0 \\ 0 & 0 \end{bmatrix}$$

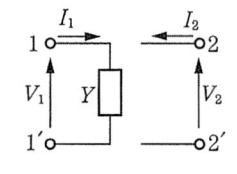

なお, $|Y| = 0$ より, 行列 Y の逆行列が定義できないことから Z 行列は存在せず, また, 問 6.1 と同様の理由で K 行列も存在しない.

〈別解〉

行列の要素の物理的意味から求めてみる. 回路より, 常に $I_2 = 0$ であり,

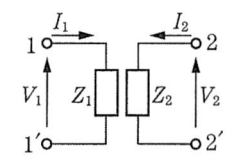

(1) 1-1' が短絡 ($V_1=0$) のとき, $I_1=YV_1=0$
(2) 2-2' が短絡 ($V_2=0$) のとき, $I_1=YV_1$

ゆえに,

$$y_{11}=\frac{I_1}{V_1}\bigg|_{V_2=0}=\frac{YV_1}{V_1}=Y$$

$$y_{12}=\frac{I_1}{V_2}\bigg|_{V_1=0}=\frac{0}{V_2}=0$$

$$y_{21}=\frac{I_2}{V_1}\bigg|_{V_2=0}=\frac{0}{V_1}=0$$

$$y_{22}=\frac{I_2}{V_2}\bigg|_{V_1=0}=\frac{0}{V_2}=0$$

問 6.3

Z 行列: Z に流れる電流が, I_1+I_2 となるので,

$$V_1=Z(I_1+I_2)=ZI_1+ZI_2 \qquad (1)$$
$$V_2=V_1=ZI_1+ZI_2 \qquad (2)$$

両式を行列形で表して Z 行列を求めると,

$$Z=\begin{bmatrix} Z & Z \\ Z & Z \end{bmatrix}$$

K 行列: Z 行列とは I_2 の向きが逆に定義されるので, 式(1), (2)は,

$$V_1=ZI_1-ZI_2 \qquad (3)$$
$$V_2=ZI_1-ZI_2 \qquad (4)$$

と書き改められる. V_1, I_1 を V_2, I_2 で表すように式(3), (4)を変形すると,

式(3), (4)より, $V_1=V_2$ (5)

式(4)より, $I_1=\dfrac{1}{Z}V_2+I_2$ (6)

ゆえに, 式(5), (6)を行列形で書き改めると,

$$\begin{bmatrix} V_1 \\ I_1 \end{bmatrix}=\begin{bmatrix} 1 & 0 \\ 1/Z & 1 \end{bmatrix}\begin{bmatrix} V_2 \\ I_2 \end{bmatrix}$$

よって, 求める K 行列は,

$$K=\begin{bmatrix} 1 & 0 \\ 1/Z & 1 \end{bmatrix}$$

なお, $|Z|=0$ となることから, Z 行列の逆行列を定義することができないので, Y

行列は存在しない.

問 6.4

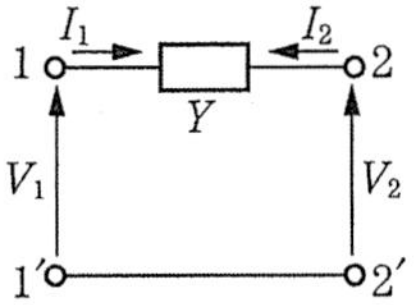

Y 行列: I_1, I_2 を V_1, V_2 で表すように回路方程式を立てると,

$$I_1 = Y(V_1 - V_2) = YV_1 - YV_2 \qquad (1)$$
$$I_2 = -I_1 = -YV_1 + YV_2 \qquad (2)$$

よって, 求める Y 行列は,

$$Y = \begin{bmatrix} Y & -Y \\ -Y & Y \end{bmatrix}$$

K 行列: Y 行列とは I_2 の向きが逆に定義されるので, 式(1)はそのままでよいが, 式(2)は,

$$I_2 = YV_1 - YV_2 \qquad (2)'$$

のようになる. V_1, I_1 を V_2, I_2 で表すように式(1), (2)' を変形すると,

式(2)' より $\quad V_1 = V_2 + \dfrac{1}{Y} I_2 \qquad (3)$

式(1), (2)' より $\quad I_1 = I_2 \qquad (4)$

よって, 式(3), (4)より求める K 行列は,

$$K = \begin{bmatrix} 1 & 1/Y \\ 0 & 1 \end{bmatrix}$$

問 6.5

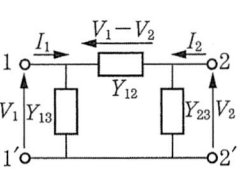

Y 行列: Y_{13} に流れる電流が $Y_{13}V_1$, I_1 の流れる方向を正とすると Y_{12} に流れる電流が $Y_{12}(V_1 - V_2)$ となることから,

$$\begin{aligned} I_1 &= Y_{13}V_1 + Y_{12}(V_1 - V_2) \\ &= (Y_{12} + Y_{13})V_1 - Y_{12}V_2 \end{aligned} \qquad (1)$$

同様にして, I_2 についても求めると,

$$I_2 = -Y_{12}V_1 + (Y_{12} + Y_{23})V_2 \qquad (2)$$

ゆえに, 求める Y 行列は,

$$Y = \begin{bmatrix} Y_{12} + Y_{13} & -Y_{12} \\ -Y_{12} & Y_{12} + Y_{23} \end{bmatrix}$$

Z 行列: 前問で求めた Y 行列の逆行列を求めて,

$$Z=Y^{-1}=\frac{1}{|Y|}\begin{bmatrix} Y_{12}+Y_{23} & Y_{12} \\ Y_{12} & Y_{12}+Y_{23} \end{bmatrix}$$

ただし，$|Y|=Y_{12}Y_{13}+Y_{13}Y_{23}+Y_{23}Y_{12}$

K 行列：Z 行列，Y 行列とは I_2 の向きが逆に定義されるので，先に導出した回路方程式は，式(2)が変わり，

$$I_2=Y_{12}V_1-(Y_{12}+Y_{23})V_2 \tag{2}'$$

となる．式(2)′より，

$$V_1=\left(1+\frac{Y_{23}}{Y_{12}}\right)V_2+\frac{1}{Y_{12}}I_2 \tag{3}$$

式(3)を式(1)に代入して，V_1 を消去すると，

$$I_1=\frac{|Y|}{Y_{12}}V_2+\left(1+\frac{Y_{13}}{Y_{12}}\right)I_2 \tag{4}$$

ただし，ここで，$Y_{12}Y_{13}+Y_{13}Y_{23}+Y_{23}Y_{12}=|Y|$ となることを用いた．式(3),(4)より，求める K 行列は，

$$K=\frac{1}{Y_{12}}\begin{bmatrix} Y_{12}+Y_{23} & 1 \\ |Y| & Y_{12}+Y_{13} \end{bmatrix}$$

問 6.6

Z 行列：変圧器の基本式は，

$$V_1=j\omega L_1 I_1+j\omega M I_2 \tag{1}$$
$$V_2=j\omega M I_1+j\omega L_2 I_2 \tag{2}$$

なので，求める Z 行列は，

$$Z=\begin{bmatrix} j\omega L_1 & j\omega M \\ j\omega M & j\omega L_2 \end{bmatrix}$$

Y 行列：Z 行列の逆行列を求め，

$$Y=\frac{1}{j\omega(L_1L_2-M^2)}\begin{bmatrix} L_2 & -M \\ -M & L_1 \end{bmatrix}$$

K 行列：Z，Y 行列とは I_2 の向きが逆に定義されるので，変圧器の基本式は，

$$V_1=j\omega L_1 I_1-j\omega M I_2 \tag{1}'$$
$$V_2=j\omega M I_1-j\omega L_2 I_2 \tag{2}'$$

となる．式(2)′を変形して

$$I_1=\frac{1}{j\omega M}V_2+\frac{j\omega L_2}{j\omega M}I_2$$

これを式(1)′に代入して，右辺を V_2, I_2 で表すと

$$V_1 = \frac{j\omega L_1}{j\omega M} V_2 - \frac{\omega^2}{j\omega M}(L_1 L_2 - M^2) I_2$$

よって，求める K 行列は，

$$K = \frac{1}{j\omega M} \begin{bmatrix} j\omega L_1 & -\omega^2(L_1 L_2 - M^2) \\ 1 & j\omega L_2 \end{bmatrix}$$

〈別解〉

K 行列について，変成器の基本式(1)′,(2)′を基に，行列の要素の物理的意味から求めてみる．

① 2-2′ が開放されているとき ($I_2=0$)，基本式は，

$V_1 = j\omega L_1 I_1, \quad V_2 = j\omega M I_1$

となるので，

$$A = \frac{V_1}{V_2} \bigg|_{I_2=0} = \frac{L_1}{M}$$

$$C = \frac{I_1}{V_2} \bigg|_{I_2=0} = \frac{1}{j\omega M}$$

② 2-2′ が短絡されているとき ($V_2=0$)，基本式は，

$V_1 = j\omega L_1 I_1 - j\omega M I_2$

$M I_1 = L_2 I_2$

となるので，第2式より得られる $I_1 = L_2 I_2 / M$ の関係を第1式に代入して

$$B = \frac{V_1}{I_2} \bigg|_{V_2=0} = j\omega \frac{L_1 L_2 - M^2}{M}$$

また，第2式より

$$D = \frac{I_1}{I_2} \bigg|_{V_2=0} = \frac{L_2}{M}$$

よって，求める K 行列は，

$$K = \frac{1}{j\omega M} \begin{bmatrix} j\omega L_1 & -\omega^2(L_1 L_2 - M^2) \\ 1 & j\omega L_2 \end{bmatrix}$$

問 6.7

理想変成器の基本式は，右図のように電流，電圧の向きを定めると，以下のようになる．

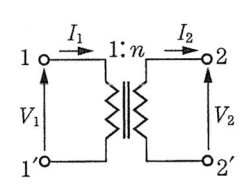

$$V_1 = \frac{1}{n} V_2$$

$$I_1 = n I_2$$

これらの基本式を行列形に書き改めると，K 行列が下のように得られる．

(答)　$K = \begin{bmatrix} 1/n & 0 \\ 0 & n \end{bmatrix}$

なお，理想変成器では，電圧と電流はお互いに独立に決まるので，Z 行列と Y 行列は存在しない．

問 6.8

Z 行列：行列の要素の物理的意味から求める．

① 2-2′ が開放（$I_2=0$）のときの V_1, V_2 を，I_1 を用いて表す．この際，回路を下図のように書き換えると考えやすい．また，回路の対称性を用いると，計算が容易である．2-2′ が開放なので，

$$V_1 = \frac{Z_1 + Z_2}{2} I_1$$

$$V_2 = Z_2 \frac{I_1}{2} - Z_1 \frac{I_1}{2} = \frac{Z_2 - Z_1}{2} I_1$$

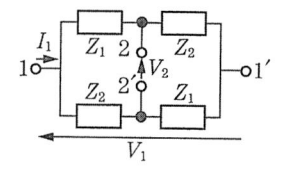

となり，

$$z_{11} = \left. \frac{V_1}{I_1} \right|_{I_2=0} = \frac{Z_1 + Z_2}{2}$$

$$z_{21} = \left. \frac{V_2}{I_1} \right|_{I_2=0} = \frac{Z_2 - Z_1}{2}$$

② 次に，1-1′ が開放（$I_1=0$）のときの V_1, V_2 を，I_2 を用いて表す．その際は，右下図に示すように，①の回路の端子 1, 1′ と端子 2, 2′ を入れ替えるように変形するとわかりやすい．同様にして，

$$V_1 = Z_2 \frac{I_2}{2} - Z_1 \frac{I_2}{2} = \frac{Z_2 - Z_1}{2} I_2$$

$$V_2 = \frac{Z_1 + Z_2}{2} I_2$$

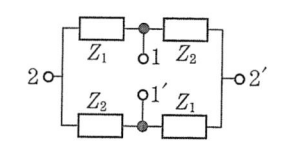

となり，

$$z_{12} = \left. \frac{V_1}{I_2} \right|_{I_1=0} = \frac{Z_2 - Z_1}{2}$$

$$z_{22} = \left.\frac{V_2}{I_2}\right|_{I_1=0} = \frac{Z_1+Z_2}{2}$$

以上により,

$$Z = \frac{1}{2}\begin{bmatrix} Z_1+Z_2 & Z_2-Z_1 \\ Z_2-Z_1 & Z_1+Z_2 \end{bmatrix}$$

Y 行列:Z 行列の逆行列なので,

$$Y = Z^{-1}$$

$$= \frac{1}{\left(\frac{Z_1+Z_2}{2}\right)^2 - \left(\frac{Z_1-Z_2}{2}\right)^2} \begin{bmatrix} \frac{Z_1+Z_2}{2} & \frac{Z_1-Z_2}{2} \\ \frac{Z_1-Z_2}{2} & \frac{Z_1+Z_2}{2} \end{bmatrix}$$

$$= \frac{1}{2Z_1Z_2}\begin{bmatrix} Z_1+Z_2 & Z_1-Z_2 \\ Z_1-Z_2 & Z_1+Z_2 \end{bmatrix}$$

K 行列:諸行列間の関係より計算する.

$$K = \frac{1}{z_{21}}\begin{bmatrix} z_{11} & |Z| \\ 1 & z_{22} \end{bmatrix}$$

$$= \frac{2}{Z_2-Z_1}\begin{bmatrix} \frac{Z_1+Z_2}{2} & Z_1Z_2 \\ 1 & \frac{Z_1+Z_2}{2} \end{bmatrix}$$

$$= \frac{1}{Z_2-Z_1}\begin{bmatrix} Z_1+Z_2 & 2Z_1Z_2 \\ 2 & Z_1+Z_2 \end{bmatrix}$$

問 6.9

(a) 右図のように,2つの回路網の並列接続と考えればよい.回路網 N_1 の Y 行列は,

$$Y_1 = \begin{bmatrix} 1 & 0 \\ 0 & 1 \end{bmatrix}$$

なので(問 6.1 参照),求める Y 行列は,

$$Y = \begin{bmatrix} 2 & 1 \\ 1 & 3 \end{bmatrix} + Y_1 = \begin{bmatrix} 3 & 1 \\ 1 & 4 \end{bmatrix}$$

〈別解〉

多少手間はかかるが,行列の要素の物理的意味から求める方法もある.

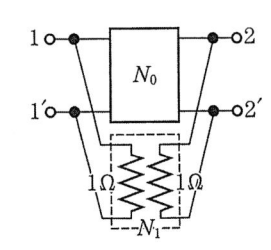

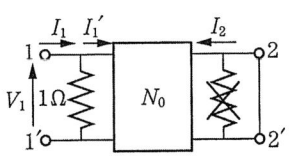

① 2-2′ が短絡（$V_2=0$）のとき，回路は，上図のようになる（2-2′ 間の抵抗が殺されていることに注意せよ）．この図を参考にして，

$I_1 = V_1/1 + I_1'$

$\begin{bmatrix} I_1' \\ I_2 \end{bmatrix} = \begin{bmatrix} 2 & 1 \\ 1 & 3 \end{bmatrix} \begin{bmatrix} V_1 \\ 0 \end{bmatrix} \rightarrow \begin{cases} I_1' = 2V_1 \\ I_2 = V_1 \end{cases}$

以上より，

$y_{11} = \dfrac{I_1}{V_1}\bigg|_{V_2=0} = \dfrac{V_1/1 + I_1'}{V_1} = \dfrac{V_1 + 2V_1}{V_1} = 3$

$y_{21} = \dfrac{I_2}{V_1}\bigg|_{V_2=0} = \dfrac{V_1}{V_1} = 1$

② 1-1′ が短絡（$V_1=0$）のときも，同様にして，

$I_2 = V_2/1 + I_2', \quad I_1 = V_2, \quad I_2' = 3V_2$

が得られるので，

$y_{21} = \dfrac{I_1}{V_2}\bigg|_{V_1=0} = \dfrac{V_2}{V_2} = 1$

$y_{22} = \dfrac{I_2}{V_2}\bigg|_{V_1=0} = \dfrac{V_2/1 + 3V_2}{V_2} = 4$

以上により，

$Y = \begin{bmatrix} y_{11} & y_{12} \\ y_{21} & y_{22} \end{bmatrix} = \begin{bmatrix} 3 & 1 \\ 1 & 4 \end{bmatrix}$

と，同様の答が得られる．

(b) 同様にして，与えられた回路網を右図のように 2 つの回路網の並列接続と考える．回路網 N_1 の Y 行列は，

$Y_1 = \begin{bmatrix} 1/2 & 0 \\ 0 & 0 \end{bmatrix} = \begin{bmatrix} 0.5 & 0 \\ 0 & 0 \end{bmatrix}$

なので（問 6.2 参照），求める Y 行列は，

$Y = \begin{bmatrix} 2 & 1 \\ 1 & 3 \end{bmatrix} + Y_1 = \begin{bmatrix} 2.5 & 1 \\ 1 & 3 \end{bmatrix}$

問 6.10

与えられた回路網が，右の回路を 4 つ縦続接続したものであることを利用する．ここで，

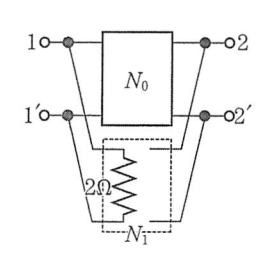

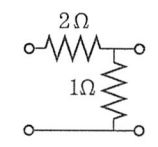

であるので，答は

$$K = (K_1 K_2)^4 = \begin{bmatrix} 153 & 112 \\ 56 & 41 \end{bmatrix}$$

となる．

問 6.11

（1） 与えられた回路を，下に示すような2つのT型回路の並列接続と考える．

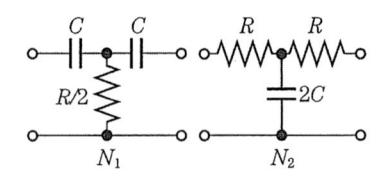

N_1, N_2 の Y 行列は，右図に示すようなT型回路の Y 行列が，

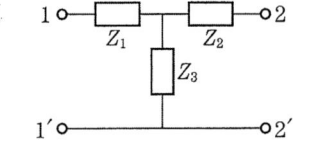

$$Y = \frac{1}{Z_1 Z_2 + Z_2 Z_3 + Z_3 Z_1} \begin{bmatrix} Z_2 + Z_3 & -Z_3 \\ -Z_3 & Z_1 + Z_3 \end{bmatrix}$$

であり（例題6.1参照），かつ，ここでは

$$Z_1 = Z_2$$

であることを用いると，各々

$$Y_1 = \frac{1}{a} \begin{bmatrix} b-c & c \\ c & b-c \end{bmatrix}$$

$$Y_2 = \frac{1}{a} \begin{bmatrix} 1+b & -1 \\ -1 & 1+b \end{bmatrix}$$

ただし，

$$a = (1+j\omega RC)2R$$
$$b = j\omega 2RC$$
$$c = \omega^2 R^2 C^2$$

と求められる．ゆえに，求める Y 行列は，これらの並列接続より

$$Y = Y_1 + Y_2 = \frac{1}{a} \begin{bmatrix} 1+2b-c & c-1 \\ c-1 & 1+2b-c \end{bmatrix}$$

(2) 2-2′ が開放のとき, $I_2=0$ なので,

$$\begin{bmatrix} I_1 \\ 0 \end{bmatrix} = \begin{bmatrix} y_{11} & y_{12} \\ y_{21} & y_{22} \end{bmatrix} \begin{bmatrix} V_1 \\ V_2 \end{bmatrix}$$

これより

$$V_2 = -\frac{y_{21}}{y_{22}} V_1 = \frac{1-c}{1+2b-c} V_1 = \frac{1-\omega^2 R^2 C^2}{1+j\omega 4RC - \omega^2 R^2 C^2} V_1$$

(3) 前小問の答の分子が 0 であればよいので,

$$1-\omega_0^2 R^2 C^2 = 0$$

すなわち,答は

$$\omega_0 = \frac{1}{RC}$$

問 6.12

与えられた回路網が,右図の T 型回路を 2 つ縦続接続したものであることを利用する.このような T 型回路の K 行列は,

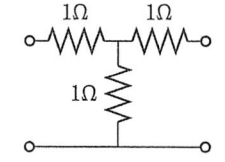

$$K_1 = \frac{1}{R_3} \begin{bmatrix} R_1+R_3 & R_1 R_2 + R_2 R_3 + R_3 R_1 \\ 1 & R_2+R_3 \end{bmatrix} = \begin{bmatrix} 2 & 3 \\ 1 & 2 \end{bmatrix}$$

となるので,全体の K 行列は,

$$K = K_1 \cdot K_1 = \begin{bmatrix} 2 & 3 \\ 1 & 2 \end{bmatrix} \begin{bmatrix} 2 & 3 \\ 1 & 2 \end{bmatrix} = \begin{bmatrix} 7 & 12 \\ 4 & 7 \end{bmatrix}$$

Z 行列は,上記の K 行列を基に,諸行列間の関係から求めてもよいが,ここでは,K 行列から回路方程式を立てて求めてみる.Z 行列では電流 I_2 の向きが逆に定義されていることに注意して方程式を立てると,

$$V_1 = 7V_2 - 12I_2$$
$$I_1 = 4V_2 - 7I_2$$

第 2 式を変形して

$$V_2 = \frac{1}{4} I_1 + \frac{7}{4} I_2$$

第 1 式に代入して

$$V_1 = \frac{7}{4} I_1 + \frac{1}{4} I_2$$

よって，
$$Z = \frac{1}{4}\begin{bmatrix} 7 & 1 \\ 1 & 7 \end{bmatrix}$$

問 6.13

図で与えられたT型回路のK行列は，
$$K = \frac{1}{Z_3}\begin{bmatrix} Z_1+Z_3 & Z_1Z_2+Z_2Z_3+Z_3Z_1 \\ 1 & Z_2+Z_3 \end{bmatrix}$$
である（例題6.1参照）．これを，与えられたK行列
$$K = \begin{bmatrix} A & B \\ C & D \end{bmatrix} = \begin{bmatrix} 2 & 3 \\ 3 & 5 \end{bmatrix}$$
と各要素を比較して連立方程式を立てるが，一般にK行列の性質
$$|K| = AD - BC = 1$$
より，4つの要素のうち3つが決まれば，残る1つが決まるので，3つの要素から方程式を得ればよい．計算の簡単さを考え，A, C, Dに相当する要素から連立方程式を立てると，

$2Z_3 = Z_1 + Z_3 \rightarrow Z_1 = Z_3$

$3Z_3 = 1$

$5Z_3 = Z_2 + Z_3 \rightarrow Z_2 = 4Z_3$

が得られ，これを解くと

$Z_1 = 1/3$

$Z_2 = 4/3$

$Z_3 = 1/3$

が得られる（もちろん，この結果はBに相当する要素より得られる残る1つの方程式を満足する←検算に使える）

問 6.14

右図のように，V_1', I_1'を定義すると，キルヒホッフの法則や理想変成器の基本式から以下の式が得られる．

$V_1 = V_1'$

$I_1 = I_1' + V_1/Z$

$V_2 = nV_1'$

$I_2 = -I_1'/n$

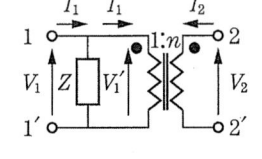

これらの諸式よりV_1', I_1'を消去して，V_1, V_2をI_1, I_2で表すように変形すると，

$V_1 = ZI_1 + nZI_2$

$V_2 = nV_1 = nZI_1 + n^2 ZI_2$

よって，求める Z 行列は，

$$Z = \begin{bmatrix} Z & nZ \\ nZ & n^2 Z \end{bmatrix}$$

〈別解1〉

同じことなのであるが，行列を用いて計算することもできる．V_1, I_1, V_1', I_1' の関係を Z 行列を用いて表すと，

$$\begin{bmatrix} V_1 \\ V_1' \end{bmatrix} = \begin{bmatrix} Z & Z \\ Z & Z \end{bmatrix} \begin{bmatrix} I_1 \\ -I_1' \end{bmatrix}$$

理想変成器の基本式より V_1', I_1' を消去して，V_2, I_2 を用いて上式を表すと

$$\begin{bmatrix} V_1 \\ V_2/n \end{bmatrix} = \begin{bmatrix} Z & Z \\ Z & Z \end{bmatrix} \begin{bmatrix} I_1 \\ nI_2 \end{bmatrix}$$

これを変形して，

$$\begin{bmatrix} 1 & 0 \\ 0 & 1/n \end{bmatrix} \begin{bmatrix} V_1 \\ V_2 \end{bmatrix} = \begin{bmatrix} Z & Z \\ Z & Z \end{bmatrix} \begin{bmatrix} 1 & 0 \\ 0 & n \end{bmatrix} \begin{bmatrix} I_1 \\ I_2 \end{bmatrix}$$

ゆえに，求める Z 行列は，

$$Z = \begin{bmatrix} 1 & 0 \\ 0 & 1/n \end{bmatrix}^{-1} \begin{bmatrix} Z & Z \\ Z & Z \end{bmatrix} \begin{bmatrix} 1 & 0 \\ 0 & n \end{bmatrix}$$

を計算することにより，同様に得られる．

〈別解2〉

まず K 行列を求め，Z 行列に変換する方法もある．与えられた回路網を，右図のような2つの回路網の縦続接続と考える．上図2つの回路網の K 行列は，各々

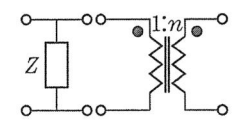

$$K_1 = \begin{bmatrix} 1 & 0 \\ 1/Z & 1 \end{bmatrix}, \quad K_2 = \begin{bmatrix} 1/n & 0 \\ 0 & n \end{bmatrix}$$

となるので，全体の K 行列は，

$$K = K_1 K_2 = \begin{bmatrix} 1/n & 0 \\ 1/(nZ) & n \end{bmatrix} = \begin{bmatrix} A & B \\ C & D \end{bmatrix}$$

これを，諸行列間の関係により，Z 行列に変換すると，求める Z 行列は，

$$Z = \frac{1}{C} \begin{bmatrix} A & 1 \\ 1 & D \end{bmatrix} = \begin{bmatrix} Z & nZ \\ nZ & n^2 Z \end{bmatrix}$$

問 6.15

Z 行列：まず，右図のように，V_1', I_1' を定義する．このとき，V_1', I_1', V_2, I_2 の間には

$$\begin{bmatrix} V_1' \\ V_2 \end{bmatrix} = \begin{bmatrix} z_{11} & z_{12} \\ z_{21} & z_{22} \end{bmatrix} \begin{bmatrix} I_1' \\ I_2 \end{bmatrix} \quad (1)$$

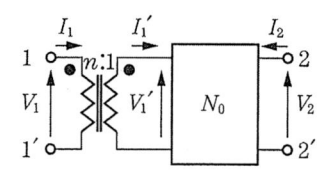

の関係がある．一方，理想変成器の基本式（I_1' の向きに注意せよ）より，

$V_1 = nV_1'$
$I_1 = I_1'/n$

なので，

$$\begin{bmatrix} V_1' \\ V_2 \end{bmatrix} = \begin{bmatrix} V_1/n \\ V_2 \end{bmatrix} = \begin{bmatrix} 1/n & 0 \\ 0 & 1 \end{bmatrix} \begin{bmatrix} V_1 \\ V_2 \end{bmatrix}$$

$$\begin{bmatrix} I_1' \\ I_2 \end{bmatrix} = \begin{bmatrix} nI_1 \\ I_2 \end{bmatrix} = \begin{bmatrix} n & 0 \\ 0 & 1 \end{bmatrix} \begin{bmatrix} I_1 \\ I_2 \end{bmatrix}$$

と表すことができる．これらを式(1)に代入すると，

$$\begin{bmatrix} 1/n & 0 \\ 0 & 1 \end{bmatrix} \begin{bmatrix} V_1 \\ V_2 \end{bmatrix} = \begin{bmatrix} z_{11} & z_{12} \\ z_{21} & z_{22} \end{bmatrix} \begin{bmatrix} n & 0 \\ 0 & 1 \end{bmatrix} \begin{bmatrix} I_1 \\ I_2 \end{bmatrix}$$

ゆえに，求める Z 行列は，

$$Z = \begin{bmatrix} 1/n & 0 \\ 0 & 1 \end{bmatrix}^{-1} \begin{bmatrix} z_{11} & z_{12} \\ z_{21} & z_{22} \end{bmatrix} \begin{bmatrix} n & 0 \\ 0 & 1 \end{bmatrix}$$

と与えられるので，答は

$$Z = \begin{bmatrix} n^2 z_{11} & n z_{12} \\ n z_{21} & z_{22} \end{bmatrix}$$

Y 行列：同様にして，

$$\begin{bmatrix} I_1 \\ I_2 \end{bmatrix} = \begin{bmatrix} n & 0 \\ 0 & 1 \end{bmatrix}^{-1} \begin{bmatrix} y_{11} & y_{12} \\ y_{21} & y_{22} \end{bmatrix} \begin{bmatrix} 1/n & 0 \\ 0 & 1 \end{bmatrix} \begin{bmatrix} V_1 \\ V_2 \end{bmatrix}$$

が導かれるので，

$$Y = \begin{bmatrix} y_{11}/n^2 & y_{12}/n \\ y_{21}/n & y_{22} \end{bmatrix}$$

〈別解〉

もちろん，Z 行列の逆行列を求めてもよい．

$$Y = Z^{-1} = \frac{1}{n^2 |Z_0|} \begin{bmatrix} z_{22} & -n z_{12} \\ -n z_{21} & n^2 z_{11} \end{bmatrix}$$

ただし，
$$|Z_0| = z_{11}z_{22} - z_{12}z_{21}$$
である．最後に，
$$y_{11} = z_{22}/|Z_0|,\ y_{12} = -z_{12}/|Z_0|,\ y_{21} = -z_{21}/|Z_0|,\ y_{22} = z_{11}/|Z_0|$$
を用いて $z_{11} \sim z_{22}$ を $y_{11} \sim y_{22}$ で置き換えると，同様の答を得る．

問 6.16

（1）右図のように，$2\Omega, 4\Omega$ の 2 つの抵抗からなる回路網 N_1 を考え，与えられた回路網を N_0 と N_1 の直列接続として求めればよい．N_1 の Z 行列は，
$$Z_1 = \begin{bmatrix} 2 & 0 \\ 0 & 4 \end{bmatrix}$$ 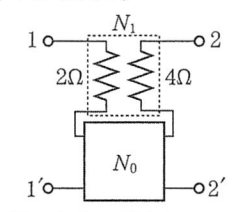
となるので，求める Z 行列は，
$$Z = Z_0 + Z_1 = \begin{bmatrix} 5+2 & 3 \\ 3 & 7+4 \end{bmatrix} = \begin{bmatrix} 7 & 3 \\ 3 & 11 \end{bmatrix}$$

（2）等価な T 型回路は，前問で求めた Z 行列を用いて下記のように得られる．

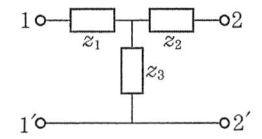

$Z_1 = 7 - 3 = 4\ [\Omega]$
$Z_2 = 11 - 3 = 8\ [\Omega]$
$Z_3 = 3\ [\Omega]$

〈別解 1〉

N_0 を等価な T 型回路で置き換えると，与えられた回路網は，右図のように，$2\Omega, 4\Omega$ の抵抗を含む T 型回路で表される．この図より明らかに，求める Z 行列は，Z_0 の z_{11} と z_{22} を，各々 $z_{11}+2$, $z_{22}+4$ で置き換えたものとなり，同様の答を得る．

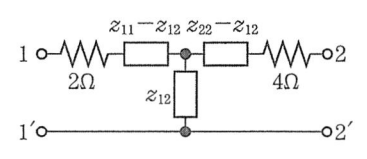

〈別解 2〉

Z 行列を求めるとき，右図のように，V_1', V_2' を定義する．ここで， 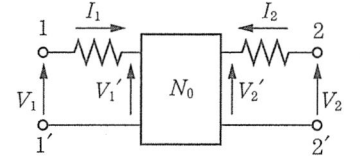
$$\begin{bmatrix} V_1' \\ V_2' \end{bmatrix} = \begin{bmatrix} z_{11} & z_{12} \\ z_{21} & z_{22} \end{bmatrix} \begin{bmatrix} I_1 \\ I_2 \end{bmatrix}$$
であることを用いて，
$$\begin{bmatrix} V_1 \\ V_2 \end{bmatrix} = \begin{bmatrix} V_1' + 2I_1 \\ V_2' + 4I_2 \end{bmatrix} = \begin{bmatrix} V_1' \\ V_2' \end{bmatrix} + \begin{bmatrix} 2I_1 \\ 4I_2 \end{bmatrix} = \left\{ \begin{bmatrix} z_{11} & z_{12} \\ z_{21} & z_{22} \end{bmatrix} + \begin{bmatrix} 2 & 0 \\ 0 & 4 \end{bmatrix} \right\} \begin{bmatrix} I_1 \\ I_2 \end{bmatrix}$$

$$= \left\{ \begin{bmatrix} 5 & 3 \\ 3 & 7 \end{bmatrix} + \begin{bmatrix} 2 & 0 \\ 0 & 4 \end{bmatrix} \right\} \begin{bmatrix} I_1 \\ I_2 \end{bmatrix}$$

として，Z 行列が得られる．

問 6.17

梯子型回路は，K 行列の計算が比較的容易なので，まず K 行列を求めてそれを Z 行列に変換し，それを基に等価な T 型回路を求める．この回路の K 行列は，問 6.10 と同様の手法により，下記のように計算することができる．

$$K = \left\{ \begin{bmatrix} 1 & R \\ 0 & 1 \end{bmatrix} \begin{bmatrix} 1 & 0 \\ 1/R & 1 \end{bmatrix} \right\}^5 = \begin{bmatrix} 89 & 55R \\ 55/R & 34 \end{bmatrix}$$

得られた K 行列より Z 行列を求めると，諸行列間の関係の公式により

$$Z = \frac{1}{C} \begin{bmatrix} A & 1 \\ 1 & D \end{bmatrix} = \frac{R}{55} \begin{bmatrix} 89 & 1 \\ 1 & 34 \end{bmatrix}$$

この Z 行列から等価な T 型回路は，

$$Z_1 = z_{11} - z_{12} = \frac{R}{55}(89-1) = \frac{8}{5}R$$

$$Z_2 = z_{22} - z_{12} = \frac{R}{55}(34-1) = \frac{3}{5}R$$

$$Z_3 = z_{12} = \frac{R}{55}$$

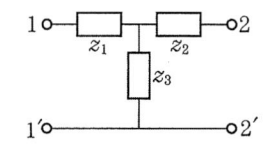

〈別解〉

T 型回路の K 行列を Z_1, Z_2, Z_3 を用いて求めると，

$$K = \begin{bmatrix} 1 & Z_1 \\ 0 & 1 \end{bmatrix} \begin{bmatrix} 1 & 0 \\ 1/Z_3 & 1 \end{bmatrix} \begin{bmatrix} 1 & Z_2 \\ 0 & 1 \end{bmatrix} = \begin{bmatrix} 1+\dfrac{Z_1}{Z_3} & \dfrac{Z_1 Z_2 + Z_2 Z_3 + Z_3 Z_1}{Z_3} \\ \dfrac{1}{Z_3} & 1+\dfrac{Z_2}{Z_3} \end{bmatrix}$$

これを，先に求めた梯子型回路の K 行列と各要素ごとに比較すると，

$$1 + \frac{Z_1}{Z_3} = 89, \qquad \frac{1}{Z_3} = \frac{55}{R}, \qquad 1 + \frac{Z_2}{Z_3} = 34$$

の 3 つの方程式を得ることができ，これらを連立させて解くと，同様の答を得る．

問 6.18

入力インピーダンス：右図のように各端子の電圧，電流を定義すると

$$V_1 = AV_2 + BI_2 \qquad (1)$$
$$I_1 = CV_2 + DI_2 \qquad (2)$$
$$V_2 = Z_L I_2 \qquad (3)$$

式(3)を式(1), (2)に代入すると

$$V_1 = AZ_L I_2 + BI_2 = (AZ_L + B)I_2$$
$$I_1 = CZ_L I_2 + DI_2 = (CZ_L + D)I_2$$

よって，入力インピーダンスの定義により

$$Z_{in} = \frac{V_1}{I_1} = \frac{AZ_L + B}{CZ_L + D}$$

が，得られる．

出力インピーダンス：出力インピーダンスでは，I_2 の向きが上図とは逆方向用に定義されている．また，V_2 と I_2 の関係を求めたいので，

$$\begin{bmatrix} V_2 \\ -I_2 \end{bmatrix} = \begin{bmatrix} A & B \\ C & D \end{bmatrix}^{-1} \begin{bmatrix} V_1 \\ I_1 \end{bmatrix} = \begin{bmatrix} D & -B \\ -C & A \end{bmatrix} \begin{bmatrix} V_1 \\ I_1 \end{bmatrix} \text{より} \begin{cases} V_2 = DV_1 - BI_1 \\ I_2 = CV_2 - AI_2 \end{cases}$$

ただし，K 行列では $|K| = AD - BC = 1$ となることを用いている．これに

$$V_1 = -Z_G I_1$$

を代入すると，

$$\begin{cases} V_2 = -DZ_G I_1 - BI_1 = -(DZ_G + B)I_1 \\ I_2 = -CZ_G I_1 - AI_1 = -(CZ_G + A)I_1 \end{cases}$$

したがって，出力インピーダンスの定義より，

$$Z_{out} = \frac{V_2}{I_2} = \frac{DZ_G + B}{CZ_G + A}$$

問 7.1

重ね合せの理を用いて解く．12 V の電圧源のみを生かした回路は，右図のようになり，各電流，電圧は

$$I_{1A} = \frac{12}{1+3} = 3 \quad [\text{A}]$$

$$I_{2A} = \frac{12}{2+2} = 3 \quad [\text{A}]$$

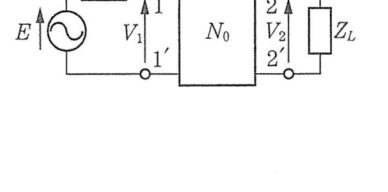

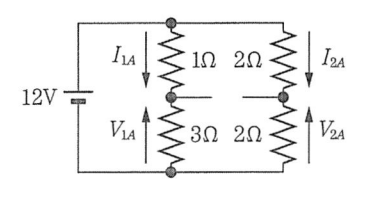

$$V_{1A} = \frac{3}{1+3} \cdot 12 = 9 \quad [\text{V}] \quad (\text{あるいは, } V_{1A} = 3 \cdot I_{1A} \text{ としても求まる})$$

$$V_{2A} = \frac{2}{2+2} \cdot 12 = 6 \quad [\text{V}] \quad (\text{あるいは, } V_{2A} = 2 \cdot I_{2A} \text{ としても求まる})$$

となる．一方4Aの電流源のみを生かした回路は，下左図のようになる．そのままでは計算しづらいので下右図のように変形して，

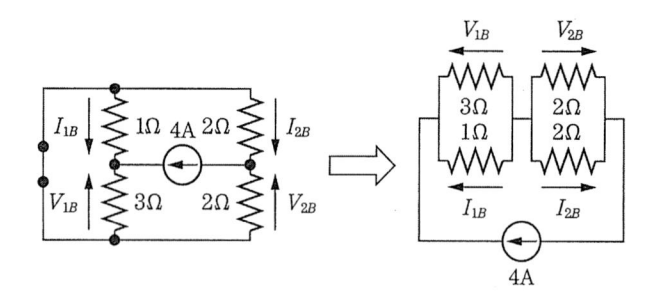

$$I_{1B} = \frac{3}{1+3} \cdot (-4) = -3 \quad [\text{A}]$$

$$I_{2B} = \frac{2}{2+2} \cdot 4 = 2 \quad [\text{A}]$$

$$V_{1B} = \frac{3 \cdot 1}{1+3} \cdot 4 = 3 \quad [\text{V}] \quad (\text{または, } V_{1B} = 3 \cdot [4-(-I_{1B})] \text{ としても求まる})$$

$$V_{2B} = \frac{2 \cdot 2}{2+2} \cdot (-4) = -4 \quad [\text{V}] \quad (\text{または, } V_{1B} = -2 \cdot (4 - I_{2B}) \text{ としても求まる})$$

以上から，各電流・電圧は下記のように求められる．

$I_1 = I_{1A} + I_{1B} = 3 - 3 = 0 \quad [\text{A}]$

$I_2 = I_{2A} + I_{2B} = 3 + 2 = 5 \quad [\text{A}]$

$V_1 = V_{1A} + V_{1B} = 9 + 3 = 12 \quad [\text{V}]$

$V_2 = V_{2A} + V_{2B} = 6 - 4 = 2 \quad [\text{V}]$

問 7.2

重ね合せの理を用いて解く．この問題のケースでは，いくつかの抵抗が"殺されて"（図に×印で示しておいた）回路が簡単になる．

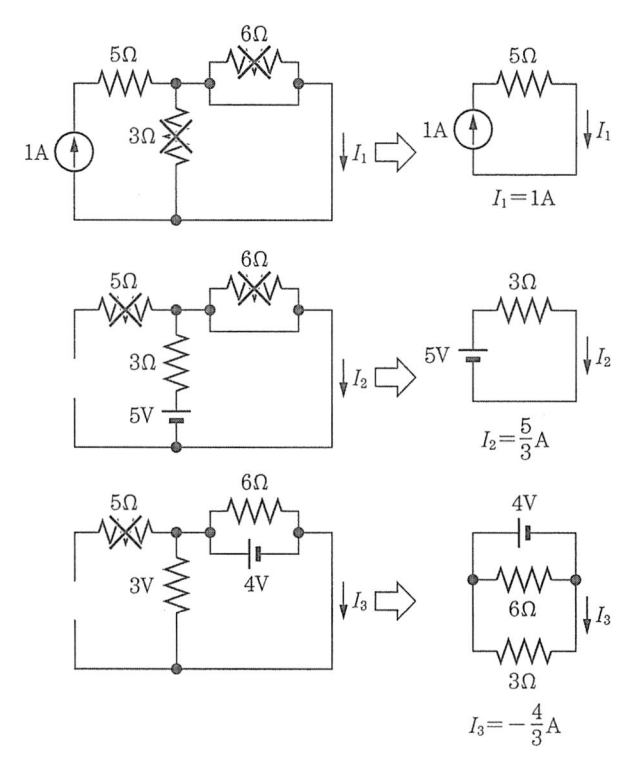

以上より，$I = I_1 + I_2 + I_3 = 4/3 \cong 1.33$ [A]

問 7.3

波形の相反性を用いて，下図のように考えれば端子 1-1' 間の入力 E と端子 2-2' 間の出力 V（開放電圧）の間には，比例関係が成り立つことがわかる．

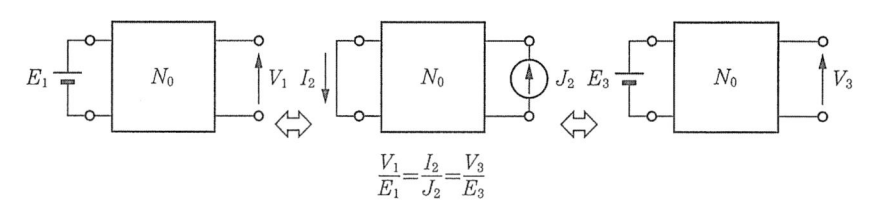

$$\frac{V_1}{E_1} = \frac{I_2}{J_2} = \frac{V_3}{E_3}$$

したがって，求める開放電圧を x とおくと，

$$\frac{4}{6} = \frac{x}{3} \quad \Rightarrow \quad x = \frac{4 \cdot 3}{6} = 2 \quad [\text{V}]$$

問 7.4

端子間に素子が接続されている場合には，相反定理が成立するかどうか注意を払う必要がある．この問題の場合は，下図のように破線で囲った部分を新たに回路網と考えれば，各々短絡電流，開放電圧を扱うことになるので，相反定理を用いてよいことになる．

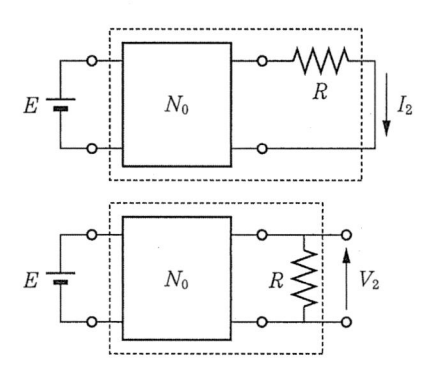

よって

(1) $I_2 = \dfrac{2}{5} \times 7 = \dfrac{14}{5} = 2.8$ [A]

(2) $V_2 = \dfrac{1}{5} \times 3 = \dfrac{3}{5} = 0.6$ [V]

問 7.5

1-1′ より右の部分を鳳-テブナンの等価電源で置き換える．等価電源の開放電圧 V_0 は，条件 2 より相反定理を用いて

$$V_0 = \dfrac{1}{2} \times 6 = 3 \ \ [\text{V}]$$

と求まる．内部抵抗 R_0 は，等価電源において 1-1′ を短絡したときの電流 I_s が

$$I_s = V_0/R_0 = 3/R_0$$

となるので，条件 1 より相反定理を用いて

$$\dfrac{2}{12} = \dfrac{3/R_0}{6}$$

なる方程式が得られ，

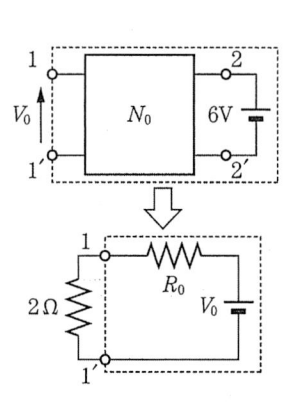

$R_0 = 3$ [Ω]

と求まる．よって，求める電流 I は，上図の鳳-テブナンの等価回路より

$$I = \frac{V_0}{2+R_0} = \frac{3}{2+3} = \frac{3}{5} = 0.6 \quad [\text{A}]$$

問 7.6

まず，1-1′ より右を見たインピーダンス Z から求める．可変抵抗の値が
（1）$R = 1\,\Omega$ のとき，端子 1-1′ 間の電圧を V_1'
（2）$R = 6\,\Omega$ のとき，端子 1-1′ 間の電圧を V_1''
とおくと，下図を参考にして，相反定理より

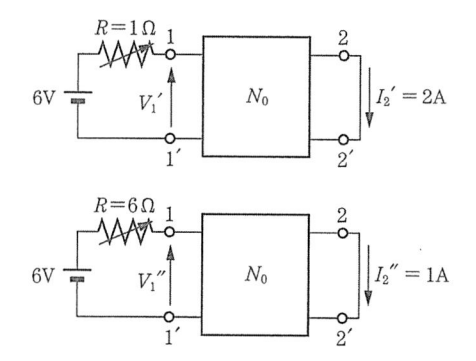

$$\frac{I_2'}{V_1'} = \frac{I_2''}{V_1''} \Rightarrow \frac{2}{V_1'} = \frac{1}{V_1''} \Rightarrow V_1'' = 2V_1'$$

の関係が得られる．ここで，1-1′ より右を見たインピーダンス（抵抗）を Z と置いて回路を書き直すと，下記のように V_1', V_2'' を Z の方程式として表すことができる．

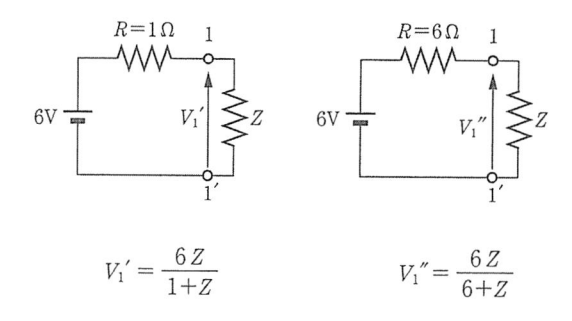

$$V_1' = \frac{6Z}{1+Z} \qquad V_1'' = \frac{6Z}{6+Z}$$

これらの2つの方程式を，先に求めた $V_1' = 2V_2''$ に代入すると

$$\frac{6Z}{1+Z} = 2 \cdot \frac{6Z}{6+Z}$$

と，Z の方程式が得られ，これを解くと

$$6+Z = 2 \cdot (1+Z) \Rightarrow Z = 4\,\Omega$$

と求められる．次に，$R=3\,\Omega$ としたときの 2-2' 間の短絡電流 I_2 を求める．得られた Z を用いると，V_1' は，

$$V_1' = \frac{6Z}{1+Z} = \frac{6\cdot 4}{1+4} = \frac{24}{5}\quad[\mathrm{V}]$$

と求まる．$R=3\,[\Omega]$ としたときの端子 1-1' 間の電圧 V_1''' は，

$$V_1''' = \frac{6Z}{3+Z} = \frac{6\cdot 4}{3+4} = \frac{24}{7}\quad[\mathrm{V}]$$

求める短絡電流 I_2 は，相反定理より，

$$\frac{I_2'}{V_1'} = \frac{I_2}{V_1'''} \Rightarrow I_2 = \frac{V_1'''}{V_1'}I_2' = \frac{24/7}{24/5}\cdot 2 = \frac{10}{7} = 1.43\quad[\mathrm{A}]$$

問 7.7

直流電源回路を，鳳-テブナンの等価電源（端子 1-1' より左の部分）で置くと，等価電源の起電力 V_0，内部抵抗 R_0，および V, R の間には，

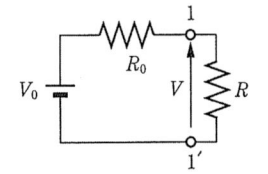

$$V = \frac{R}{R_0+R}V_0$$

すなわち，

$$RV_0 - VR_0 = RV$$

の関係がある．問題で与えられている2つの条件をこの式に代入すると

$$\begin{cases} 5V_0 - 2R_0 = 10 \\ 10V_0 - 3R_0 = 30 \end{cases}$$

の連立方程式が得られる．これを解くと

$$\begin{cases} R_0 = 10\quad[\Omega] \\ V_0 = 6\quad[\mathrm{V}] \end{cases}$$

が得られるので，求める電圧 V は，右上の等価回路より

$$I = \frac{V_0}{R_0+R} = \frac{6}{10+20} = 0.2\quad[\mathrm{A}]$$

問 7.8

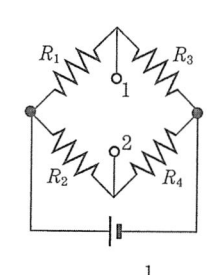

右上図のように検流計を除く部分を1つの電源と考え，鳳-テブナンの等価電源を求める．端子1-2間の開放電圧 V_0 は，右図より

$$V_0 = \left(\frac{R_3}{R_1+R_3} - \frac{R_4}{R_2+R_4}\right)E$$

等価電源の内部抵抗は，電源を除いた回路を右中図のように変形すると

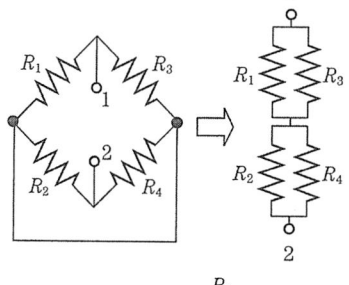

$$R_0 = \frac{R_1 R_3}{R_1+R_3} + \frac{R_2 R_4}{R_2+R_4}$$

よって，検流計の電流 I は，右下図を参考にして，

$$I = -\frac{V_0}{R_0}$$

$$= \frac{(R_1 R_4 - R_2 R_3)E}{R_1 R_3 (R_2+R_4) + R_2 R_4 (R_1+R_3)}$$

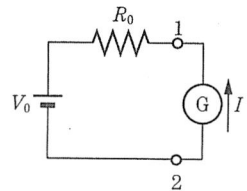

問 7.9

(1) 端子1-2間が開放されている時に生じる電圧は，

$$V_0 = \left(\frac{6}{3+6} - \frac{2}{2+2}\right) \times 18 = 12 - 9 = 3 \quad [\text{V}]$$

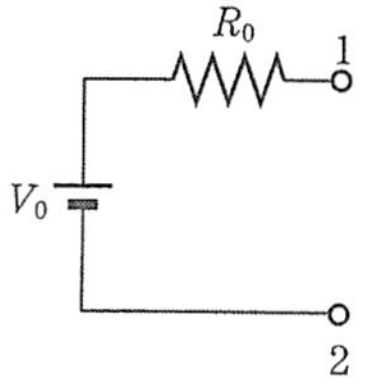

(2) 与えられた回路の鳳-テブナンの等価電源を求めると，開放電圧 V_0 は前問で求めたように，

$$V_0 = 3 \quad [\text{V}]$$

内部抵抗 R_0 は

$$R_0 = \frac{3 \times 6}{3+6} + \frac{2 \times 2}{2+2} = 2+1 = 3 \quad [\Omega]$$

よって，7Ωの抵抗を接続したとき流れる電流は，

$$I = \frac{3}{3+7} = \frac{3}{10} = 0.3 \quad [\text{A}]$$

(3) 1-2間を短絡したときの短絡電流は，

$$I = \frac{3}{3} = 1 \quad [\text{A}]$$

問 7.10

まずノートンの等価電流源から求める．右図より，1-2 間を短絡することにより，R_2，L が死んだ状態になっている．したがって，短絡電流は，

$$I_0 = J_0 = 5 \quad [\text{A}]$$

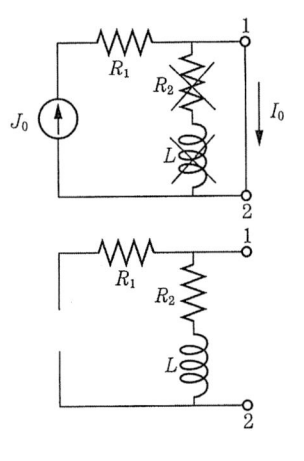

内部インピーダンスは，右図より求められるが，R_1 が死んだ状態になっているので，

$$Z_0 = R_2 + j\omega L = 2 + j\, 200 \cdot 0.01$$
$$= 2 + j\, 2 \quad [\Omega]$$

この I_0 と Z_0 を用いて，ノートンの等価電流源は，下左図のようになる．

次に，鳳-テブナンの等価電圧源は，1-2 間の開放電圧が

$$V_0 = (R_2 + j\omega L)I_0 = (2 + j\, 2)5 = 10 + j\, 10$$
$$= \sqrt{10^2 + 10^2} \exp j\,[\tan^{-1}(10/10)] = 10\sqrt{2}\, e^{j\pi/4}$$

となり，V_0 と Z_0 を用いて，下右図のようになる．

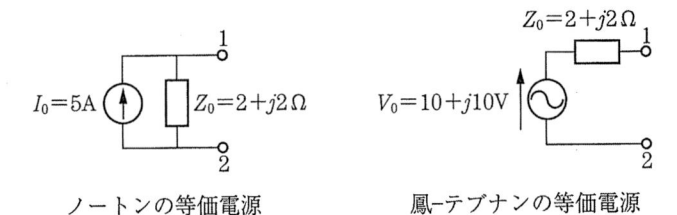

ノートンの等価電源　　　鳳-テブナンの等価電源

問 7.11

π 型回路を T 型回路に変換する公式を用いて，等価な T 型回路の各素子の値を求めると，これらは皆等しくなり，

$$z = \frac{(j\omega L)^2}{3 \cdot j\omega L} = j\omega\, \frac{L}{3}$$

ゆえに，各素子は，$L/3$ のインダクタンスであり，求める等価な T 型回路は，右図のようになる．

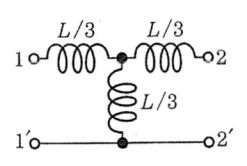

問 7.12

T型回路を π 型回路に変換する公式を用いて、等価な π 型回路を求めると、右の回路が得られる。ただし、

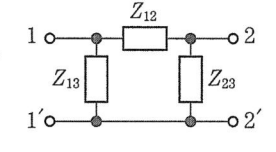

$$z_{13} = \frac{(j\omega L)^2 + 2 \cdot \dfrac{j\omega L}{j\omega C}}{j\omega L} = \frac{2-\omega^2 LC}{j\omega C}$$

$z_{23} = z_{13}$

$$z_{12} = \frac{(j\omega L)^2 + 2 \cdot \dfrac{j\omega L}{j\omega C}}{\dfrac{1}{j\omega C}} = j\omega L(2-\omega^2 LC)$$

である。もちろん、アドミタンス $y=1/z$ を用いて計算してもよい。その場合、答は上記の逆数となる。

問 7.13

下図(a)のように、与えられた回路の r, R_4, C からなる部分（破線で囲った部分）を π (Δ) 型回路とみなし、これを T(Y) 型回路に変換すると、図(b)のように、単純なブリッジ回路の形になるので、簡単である。

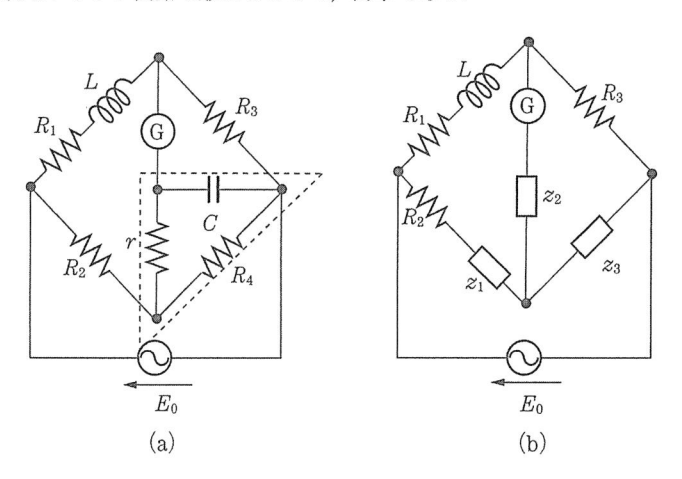

図(b)の回路において、z_2 は平衡条件とは関係ないので、z_1, z_3 のみを求めると、

$$z_1 = \frac{rR_4}{r+R_4+1/(j\omega C)}$$

$$z_3 = \frac{R_4 \cdot 1/(j\omega C)}{r + R_4 + 1/(j\omega C)}$$

となる．図(b)の回路より平衡条件は，

$$(R_1 + j\omega L_1)z_3 = (R_2 + z_1)R_3$$

整理すると，

$$(R_1R_4 - R_2R_3) + j\omega[R_4L_1 - CR_3(rR_2 + R_2R_4 + rR_4)] = 0$$

実部と虚部が各々0とならなければならないので，

$$R_1R_4 = R_2R_3$$
$$R_4L_1 = CR_3(rR_2 + R_2R_4 + rR_4)$$

が，求める平衡条件となる．

問 7.14

まず，与えられた回路を下図のように変形する．

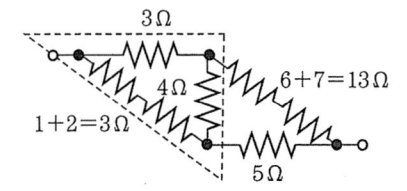

破線で囲まれた部分のΔ型回路をY型回路に変換すると，下図の回路が得られる．

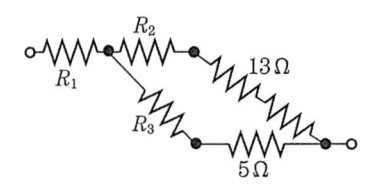

ここで，

$$R_1 = \frac{3 \cdot 3}{3 + 3 + 4} = 0.9\,\Omega$$

$$R_2 = R_3 = 1.2\,\Omega$$

である．上図より，求める合成抵抗は，

$$R = R_1 + \frac{(R_2 + 13) \cdot (R_3 + 5)}{(R_2 + 13) + (R_3 + 5)} = 5.2\,\Omega$$

と得られる．

問 7.15

左下図のように破線で囲った R_1, R_3, R_5 からなる △型回路を Y型回路に変換すると，右下図の回路が得られる．

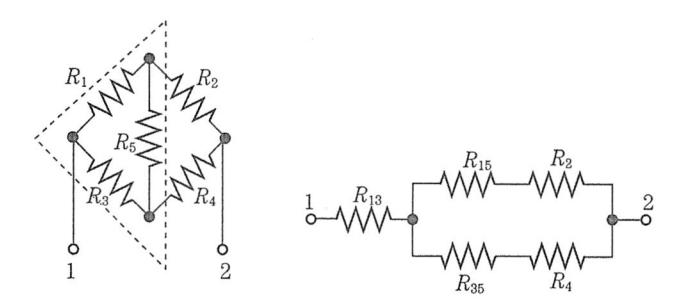

ここで

$$R_{13} = \frac{R_1 R_3}{R_1 + R_3 + R_5} = \frac{r \cdot 2r}{r + 2r + r} = \frac{1}{2}r$$

$$R_{15} = \frac{R_1 R_5}{R_1 + R_3 + R_5} = \frac{r \cdot r}{r + 2r + r} = \frac{1}{4}r$$

$$R_{35} = \frac{R_3 R_5}{R_1 + R_3 + R_5} = \frac{2r \cdot r}{r + 2r + r} = \frac{1}{2}r$$

なので，求める合成抵抗は，

$$R = R_{13} + \frac{(R_{15} + R_2) \cdot (R_{35} + R_4)}{(R_{15} + R_2) + (R_{35} + R_4)} = \frac{1}{2}r + \frac{\left(\frac{1}{4}r + 2r\right)\left(\frac{1}{2}r + r\right)}{\frac{1}{4}r + 2r + \frac{1}{2}r + r}$$

$$= \frac{1}{2}r + \frac{9}{10}r = \frac{7}{5}r$$

と得られる．

問 7.16

供給電力最大の法則より，負荷インピーダンスと電源の内部インピーダンスが複素共役の関係にあればよいので，

$$\frac{R_0 \frac{1}{j\omega C_0}}{R_0 + \frac{1}{j\omega C}} = R - j\omega L$$

が求める条件となる．書き直すと
$$R_0 = (1+j\omega C_0 R_0)(R-j\omega L)$$
実部と虚部に分けて整理すると，
$$(R+\omega^2 C_0 R_0 L - R_0) + j\omega(C_0 R_0 R - L) = 0$$
上式の実部，虚部ともに0であればRの消費電力が最大となるので，
$$R + \omega^2 C_0 R_0 L - R_0 = 0$$
$$C_0 R_0 R - L = 0$$
両式を，RとLを未知数とする連立方程式として解くと，
$$R = \frac{R_0}{1+\omega^2 C_0^2 R_0^2}, \quad L = \frac{R_0^2 C_0}{1+\omega^2 C_0^2 R_0^2}$$

問 7.17

電源電圧の瞬時値の式より，この電源電圧の実効値と角周波数は各々
$$V = 100 \quad [\text{V}]$$
$$\omega = 300 \quad [\text{rad/s}]$$
である．供給電力最大の法則より，R_Lで消費される電力が最大となるXは
$$X = -\omega L = -300 \cdot 0.02 = -6 \quad [\Omega]$$
と求められ，値が負なので容量性リアクタンス，すなわち，コンデンサであって，その容量は
$$-1/(\omega C) = X$$
より
$$C = -\frac{1}{\omega X} = \frac{1}{300 \cdot 6} = \frac{1}{1800} = 5.6 \times 10^{-4} \quad [\text{F}]$$
このときの消費電力は，リアクタンスについては整合がとれているので
$$P = \frac{R_L V^2}{(R_0 + R_L)^2} = \frac{20 \cdot 100^2}{(20+10)^2} = \frac{2000}{9} = 222 \quad [\text{W}]$$

問 7.18

鳳-テブナンの定理を用いて，1-1′より左の電源回路の部分の内部インピーダンスR_0を求めると，
$$R_0 = \frac{R_1 R_2}{R_1 + R_2}$$
供給電力最大の法則より，Rにおける消費電力が最大になるのは，$R = R_0$のときなので，求める条件は，

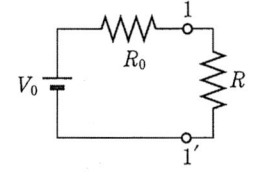

$$R = \frac{R_1 R_2}{R_1 + R_2}$$

問 8.1

まず,例題 8.1 の解答に従って回路に流れる電流 $i(t)$ の過渡現象を表す式

$$i(t) = \left(\frac{E}{R} - \frac{q_0}{RC}\right) e^{-\frac{t}{RC}}$$

を求める.もし,このとき,別解に従ってラプラス変換を用いずに求めたなら,この段階で $q(t)$ も求まっているが,仮に $i(t)$ のみしかわからない場合でも $q(t)$ は下のように求めることができる.

$$q(t) = \int_{-\infty}^{t} i(t) dt = q_0 + \int_0^t i(t) dt = q_0 + \left(\frac{E}{R} - \frac{q_0}{RC}\right) \int_0^t e^{-\frac{t}{RC}} dt$$

$$= q_0 + \left(\frac{E}{R} - \frac{q_0}{RC}\right) \left[-RC e^{-\frac{t}{RC}}\right]_0^t = q_0 - RC\left(\frac{E}{R} - \frac{q_0}{RC}\right)\left(e^{-\frac{t}{RC}} - 1\right)$$

$$= (q_0 - CE) e^{-\frac{t}{RC}} + CE$$

これらの結果を用いると,$v_R(t)$,$v_C(t)$ は,各素子の特性を表す式を用いて

$$v_R(t) = R i(t) = \left(E - \frac{q_0}{C}\right) e^{-\frac{t}{RC}}$$

$$v_C(t) = \frac{1}{C} \int_{-\infty}^{t} i(t) dt = \frac{1}{C} q(t) = \left(\frac{q_0}{C} - E\right) e^{-\frac{t}{RC}} + E$$

〈参考〉ここで,$v_R(t) + v_C(t) = E$ が成り立っていることに注意すること.

問 8.2

S を閉じた後の時刻 t の回路について,回路方程式を立てると,

$$R i(t) + L \frac{di(t)}{dt} = E$$

である.$i(t)$ のラプラス変換を $I(s)$ とし,また,S が開いていたので $i(0) = 0$ であることに注意して方程式をラプラス変換すると,

$$RI(s) + LsI(s) = E/s$$

整理して $I(s)$ を求めると,

$$I(s) = \frac{E}{s(R + Ls)} = \frac{E}{L} \frac{1}{s(s + R/L)} = \frac{E}{R}\left(\frac{1}{s} - \frac{1}{s + R/L}\right)$$

となり,ラプラス逆変換すると,

$$i(t) = \frac{E}{R}(1 - e^{-\frac{R}{L}t})$$

これを用いると, $v_R(t)$, $v_L(t)$ は, 各素子の特性を表す式を用いて
$$v_R(t) = Ri(t) = E(1 - e^{-\frac{R}{L}t})$$
$$v_L(t) = L\frac{di(t)}{dt} = Ee^{-\frac{R}{L}t}$$

〈別解〉

回路が簡単なので, $i(t)$ を求めるとき, 普通の微分方程式の解法を用いてもよい. 斉次解 $i_f(t)$ を求める.

$$Ri_f(t) + L\frac{di_f(t)}{dt} = 0$$

$$\frac{1}{i_f(t)}\frac{di_f(t)}{dt} = -\frac{R}{L}$$

辺々積分して(ただし, 斉次解を求めるのが目的なので積分定数は省略する),

$$\ln|i_f(t)| = -\frac{R}{L}t \quad \text{すなわち} \quad i_f(t) = e^{-\frac{R}{L}t}$$

特解(定常解) $i_p(t)$ は, この回路が直流回路であることに留意すると, 定常状態では, L は短絡と等価になり, 電源電圧が R の両端に集中することから

$$i_p(t) = E/R$$

したがって, 一般解は,
$$i(t) = Ai_f(t) + i_p(t) = Ae^{-\frac{R}{L}t} + E/R$$

初期条件 ($i(0) = 0$) を上式にあてはめて, A を求めると,

$$A + E/R = 0 \quad \text{すなわち,} \quad A = -E/R$$

したがって,
$$i(t) = \frac{E}{R}(1 - e^{-\frac{R}{L}t})$$

問 8.3

(1) 電源が直流電圧源なので, 定常状態ではインダクタンス L は短絡に等価である. したがって, 電圧 E は R_0 と R の直列接続に印加されるので,

$$i(t) = \frac{E}{R + R_0}$$

(2) Sを閉じたときの回路方程式は,

$$Ri(t) + L\frac{di(t)}{dt} = 0$$

である．この問題の場合，$t=0$ で，初期電流 $i(0)=E/(R+R_0)$ が流れていることに注意して，回路方程式をラプラス変換すると，

$$RI(s) + L\left(sI(s) - \frac{E}{R+R_0}\right) = 0$$

となり，整理して $I(s)$ を求めると，

$$I(s) = \frac{LE}{R+R_0} \cdot \frac{1}{Ls+R} = \frac{E}{R+R_0} \cdot \frac{1}{s+R/L}$$

ラプラス逆変換すると，

$$i(t) = \frac{E}{R+R_0} e^{-\frac{R}{L}t}$$

〈別解〉

RL 直列回路に流れる電流の一般解が，

$$i(t) = Ai_f(t) + i_p(t) = Ae^{-\frac{R}{L}t} + E/R$$

となることを記憶しているなら，これを用いて答を得ることも可能である．回路構成上の条件（S を閉じた後は $E=0$）から，上の一般解の第2項が0となるので，$i(t)$ は

$$i(t) = Ae^{-\frac{R}{L}t}$$

これに初期条件 $i(0)=E/(R+R_0)$ をあてはめると，A は

$$A = \frac{E}{R+R_0}$$

したがって，

$$i(t) = \frac{E}{R+R_0} e^{-\frac{R}{L}t}$$

問 8.4

$0 \leq t \leq t_1$ と $t_1 \leq t$ の2つの場合に分けて考える．

（1） $0 \leq t \leq t_1$: まず，$i(t)$ については，抵抗 R_L が開放状態になっているので，

$$i(t) = 0$$

である．$v_C(t)$ については，問 8.1 のように C に流れる電流を求めて（求めかたは例題 8.1 を参照），それを基に素子の特性の定義に従って求める方法もあるが，ここでは $v_C(t)$ を用いて回路方程式を立てて，それを解く方法で答

を求める．回路方程式を立てると，

$$R_0\left(C\frac{dv_C(t)}{dt}\right)+v_C(t)=E$$

である．$v_C(t)$ のラプラス変換を $V_C(s)$ とし，また，C の初期電荷 $q_0=0$ であることから

$$v_C(0)=q_0/C=0$$

であることに注意して，上の方程式をラプラス変換すると，

$$R_0CsV_C(s)+V_C(s)=\frac{E}{s}$$

整理して $V_C(s)$ を求めると，

$$V_C(s)=\frac{E/s}{1+R_0Cs}=\frac{E}{R_0C}\frac{1}{s(s+1/(R_0C))}=E\left(\frac{1}{s}-\frac{1}{s+1/(R_0C)}\right)$$

ラプラス逆変換すると，

$$v_C(t)=E(1-e^{-\frac{t}{R_0C}})$$

(2) $t_1\le t$：S を 2 の側に入れた瞬間の C の両端間の電圧は，

$$v_C(t_1)=E(1-e^{-\frac{t_1}{R_0C}})\equiv V_1$$

である．まず $i(t)$ を求めるために，$i(t)$ について回路方程式を立てると，

$$R_Li(t)+\frac{1}{C}\int_{-\infty}^{t}i(t)dt=0$$

である．$i(t)$ のラプラス変換を $I(s)$ とし，また，

$$\frac{1}{C}\int_{-\infty}^{t}i(t)dt=\frac{1}{C}\int_{-\infty}^{t_1}i(t)dt+\frac{1}{C}\int_{t_1}^{t}i(t)dt=-V_1+\frac{1}{C}\int_{t_1}^{t}i(t)dt$$

である（V_1 の符号は，C の両端の電流・電圧の向きの定義による）ことに注意して，上の方程式をラプラス変換すると，変位定理により

$$R_LI(s)+\left[-\frac{V_1}{s}e^{-t_1s}+\frac{I(s)}{Cs}\right]=0$$

整理して $I(s)$ を求めると，

$$I(s)=\frac{V_1e^{-t_1s}/s}{R_L+\frac{1}{Cs}}=\frac{V_1e^{-t_1s}/R_L}{s+\frac{1}{R_LC}}$$

ラプラス逆変換すると，

$$i(t) = \frac{V_1}{R_L} e^{-\frac{t-t_1}{R_0 C}} = \frac{E}{R_L} (1-e^{-\frac{t_1}{R_0 C}}) e^{-\frac{t-t_1}{R_0 C}}$$

一方 $v_C(t)$ は，抵抗 R_L の両端間の電圧に等しいことに気づけば計算は容易で，
$$v_C(t) = R_L i(t) = E(1-e^{-\frac{t_1}{R_0 C}}) e^{-\frac{t}{R_0 C}}$$

問 8.5

最も簡単な解法は，下図のように，スイッチ S より左の部分を 1 つの電源回路とみなして，鳳-テブナンの等価電源で置き換える方法である．等価電源は，

$$V_0 = \frac{R_2}{R_1 + R_2} E$$

$$R_0 = \frac{R_1 R_2}{R_1 + R_2}$$

このようにすると，与えられた回路は，問 8.1 の回路と同じ形になり，$E \to V_0$, $R \to R_0$, 初期電荷 $q_0 = 0$ とすれば，$i(t)$ は同様の解法により，

$$i(t) = \frac{V_0}{R_0} e^{-\frac{t}{R_0 C}} = \frac{R_2 E/(R_1+R_2)}{R_1 R_2/(R_1+R_2)} e^{-\frac{t}{[R_1 R_2/(R_1+R_2)]C}} = \frac{E}{R_1} e^{-\frac{R_1+R_2}{R_1 R_2 C} t}$$

と答が得られる．次に $v_C(t)$ は，

$$v_C(t) = \frac{1}{C} \int_{-\infty}^{t} i(t) dt = \frac{1}{C} \left[q_0 + \int_0^t i(t) dt \right] = \frac{1}{C} \int_0^t \left[\frac{E}{R_1} e^{-\frac{R_1+R_2}{R_1 R_2 C} t} \right] dt$$

$$= \frac{R_2 E}{R_1 + R_2} (1-e^{-\frac{R_1+R_2}{R_1 R_2 C} t})$$

〈別解〉

もちろん正攻法で解いてもよい．この場合は，そのままでは回路が多少複雑なので，伝達関数を用いるとよい．たとえば，$v_C(t)$ を求めるなら，E, $v_C(t)$ のラプラス変換を，各々 $E(s)$, $V_C(s)$ と置くと，伝達関数は，

$$\frac{V_C(s)}{E(s)} = \frac{\dfrac{R_2 \cdot 1/(sC)}{R_2 + 1/(sC)}}{R_1 + \dfrac{R_2 \cdot 1/(sC)}{R_2 + 1/(sC)}} = \frac{R_2}{(R_1+R_2)+sR_1 R_2 C} = \frac{\dfrac{1}{R_1 C}}{s + \dfrac{R_1+R_2}{R_1 R_2 C}}$$

ここで，$E(s) = E/s$ なので，

$$V_C(s) = \frac{E}{R_1 C} \cdot \frac{1}{s\left(s + \dfrac{R_1+R_2}{R_1 R_2 C}\right)} = \frac{E}{R_1 C} \cdot \frac{R_1 R_2 C}{R_1+R_2} \left(\frac{1}{s} - \frac{1}{s + \dfrac{R_1+R_2}{R_1 R_2 C}} \right)$$

ラプラス逆変換すると，

$$v_C(t) = \frac{R_2 E}{R_1 + R_2}\left(1 - e^{-\frac{R_1+R_2}{R_1 R_2 C}t}\right)$$

また，

$$i(t) = C\frac{dv_C(t)}{dt} = \frac{E}{R_1}e^{-\frac{R_1+R_2}{R_1 R_2 C}t}$$

問 8.6

回路方程式を立てると，

$$L\frac{di(t)}{dt} + \frac{1}{C}\int_{-\infty}^{t} i(t)dt = 0$$

である．ただし，ここで

$$\int_{-\infty}^{t} i(t)dt = \int_{-\infty}^{0} i(t)dt + \int_{0}^{t} i(t)dt = -q_0 + \int_{0}^{t} i(t)dt$$

であるので，回路方程式は，最終的に

$$L\frac{di(t)}{dt} + \frac{1}{C}\int_{0}^{t} i(t)dt = \frac{q_0}{C}$$

となる．なお，q_0 の符号は電流 $i(t)$ の向きの定義による．$i(t)$ のラプラス変換を $I(s)$ とし，かつ，$i(0)=0$ である（スイッチSが開いていると電流が流れないことから自明）ことに注意して，方程式をラプラス変換すると，

$$LsI(s) + \frac{1}{Cs}I(s) = \frac{q_0}{Cs}$$

整理して $I(s)$ を求めると，

$$I(s) = \frac{q_0}{LCs^2+1} = \frac{q_0}{LC}\cdot\frac{1}{s^2+\frac{1}{LC}} = \frac{q_0}{\sqrt{LC}}\cdot\frac{1/\sqrt{LC}}{s^2+(1/\sqrt{LC})^2}$$

となる．ラプラス逆変換すると

$$i(t) = \frac{q_0}{\sqrt{LC}}\sin(\sqrt{LC}\cdot t)$$

問 8.7

（1） 伝達関数は，

$$\frac{V(s)}{E(s)} = \frac{\dfrac{R \cdot \left(\dfrac{1}{sC_2}\right)}{R + \left(\dfrac{1}{sC_2}\right)}}{\dfrac{1}{sC_1} + \dfrac{R \cdot \left(\dfrac{1}{sC_2}\right)}{R + \left(\dfrac{1}{sC_2}\right)}} = \frac{RC_1 s}{R(C_1+C_2)s+1}$$

(2) $E(s) = E/s$ なので,

$$V(s) = \frac{RC_1 s}{R(C_1+C_2)s+1} \cdot \frac{E}{s} = \frac{C_1}{C_1+C_2} \cdot E \cdot \frac{1}{s+\dfrac{1}{R(C_1+C_2)}}$$

ラプラス逆変換すると,

$$v_C(t) = \frac{C_1}{C_1+C_2} E e^{-\frac{t}{R(C_1+C_2)}}$$

問 8.8

与えられた方形パルスは,

のように, 2つのステップ関数 $e_1(t) = E_0 u(t)$ と $e_2(t) = -E_0 u(t-T)$ を用いて,

$$e(t) = e_1(t) + e_2(t)$$

のように表すことができるので, $e_1(t)$, $e_2(t)$ 各々に対する応答 $v_1(t)$, $v_2(t)$ を求めて, その和をとれば, 全体としての波形が得られる. 与えられた回路の伝達関数は,

$$\frac{V_R(s)}{E(s)} = \frac{R}{\dfrac{1}{sC}+R} = \frac{s}{s+\dfrac{1}{RC}}$$

(1) $e_1(t) = E_0 u(t)$ に対する応答:$E_1(s) = E_0/s$ なので,

$$V_1(s) = \frac{s}{s + \frac{1}{RC}} \cdot \frac{E_0}{s} = \frac{E_0}{s + \frac{1}{RC}}$$

ラプラス逆変換すると,
$$v_1(t) = E_0 e^{-\frac{t}{RC}}$$

(2) $e_2(t) = -E_0 u(t-T)$ に対する応答:$E_2(s) = -\frac{E_0 e^{-Ts}}{s}$ なので,

$$V_2(s) = \frac{s}{s + \frac{1}{RC}} \cdot \frac{-E_0 e^{-Ts}}{s} = -\frac{E_0 e^{-Ts}}{s + \frac{1}{RC}}$$

ラプラス逆変換すると,
$$v_2(t) = \begin{cases} 0 & (0 \le t \le T) \\ -E_0 e^{-\frac{t-T}{RC}} & (t \ge T) \end{cases}$$

あるいは,まとめて $v_2(t) = -E_0 e^{-\frac{t-T}{RC}} u(t-T)$

以上の結果より,
$$v_R(t) = v_1(t) + v_2(t) = \begin{cases} E_0 e^{-\frac{t}{RC}} & (0 \le t \le T) \\ E_0 e^{-\frac{t}{RC}} - E_0 e^{-\frac{t-T}{RC}} \cong -E_0 e^{-\frac{t-T}{RC}} & (t \ge T) \end{cases}$$

なお,$t \ge T$ で,第1項が近似的に無視できるのは,$T \gg RC$ であることから $t = T$ では第1項がほとんど0となっているためである.

問 8.9

(1) 下図のように,変成器の部分を等価回路で置くと,伝達関数は,

$$\frac{V_o(s)}{V_i(s)} = \frac{\frac{Ms}{Ms + [(L_2-M)s + R_2]} \cdot R_2}{R_1 + (L_1-M)s + \frac{Ms \cdot [(L_2-M)s + R_2]}{Ms + [(L_2-M)s + R_2]}}$$

$$= \frac{R_2 Ms}{(L_1 L_2 - M^2)s^2 + (L_1 R_2 + L_2 R_1)s + R_1 R_2} = \frac{R_2 Ms}{(L_1 R_2 + L_2 R_1)s + R_1 R_2}$$

(2) 同様にして,

$$\frac{I(s)}{V_i(s)} = \frac{1}{R_1+(L_1-M)s+\dfrac{Ms\cdot[(L_2-M)s+R_2]}{Ms+[(L_2-M)s+R_2]}}$$

$$= \frac{L_2s+R_2}{(L_1L_2-M^2)s^2+(L_1R_2+L_2R_1)s+R_1R_2} = \frac{L_2s+R_2}{(L_1R_2+L_2R_1)s+R_1R_2}$$

$$= \frac{1}{R_1}\cdot\frac{L_2R_1s+R_1R_2+(L_1R_2s-L_1R_2s)}{(L_1R_2+L_2R_1)s+R_1R_2}$$

$$= \frac{1}{R_1} - \frac{L_1R_2s}{R_1[(L_1R_2+L_2R_1)s+R_1R_2]}$$

(3) 入力電圧をラプラス変換すると,$V_i(s)=E/s$ なので,

$$V_o(s) = \frac{R_2Ms}{(L_1R_2+L_2R_1)s+R_1R_2}\cdot\frac{E}{s} = \frac{MR_2E}{L_1R_2+L_2R_1}\cdot\frac{1}{s+\dfrac{R_1R_2}{L_1R_2+L_2R_1}}$$

逆変換して,

$$v_o(t) = \frac{MR_2E}{L_1R_2+L_2R_1}e^{-\frac{R_1R_2}{L_1R_2+L_2R_1}t}$$

また,

$$I(s) = \frac{E}{R_1s} - \frac{L_1R_2E}{R_1[(L_1R_2+L_2R_1)s+R_1R_2]}$$

$$= \frac{E}{R_1}\cdot\frac{1}{s} - \frac{L_1R_2E}{R_1(L_1R_2+L_2R_1)}\cdot\frac{1}{s+\dfrac{R_1R_2}{L_1R_2+L_2R_1}}$$

逆変換して,

$$i(t) = \frac{E}{R_1} - \frac{L_1R_2E}{R_1(L_1R_2+L_2R_1)}e^{-\frac{R_1R_2}{L_1R_2+L_2R_1}t}$$

索　引
（五十音順）

あ　行

アドミタンス …………………… 34
アドミタンス行列 ……………… 60
網目電流法 ……………………… 13

位相角 …………………………… 2
1次コイル ……………………… 54
インダクタ ……………………… 5
インダクタンス ………………… 5
インピーダンス ………………… 33
インピーダンス行列 …………… 60

枝 ………………………………… 11
枝電流 …………………………… 13
枝電流法 ………………………… 13

オイラーの公式 ………………… 30
オーム …………………………… 5
オームの法則 …………………… 5

か　行

回路方程式 ……………………… 13
回路網関数 ……………………… 97
角周波数 ………………………… 2
重ね合わせの理 ………………… 76

過渡現象 ………………………… 92
キャパシタ ……………………… 5
キャパシタンス ………………… 6
供給電力最大の法則 …………… 86
共振回路 ………………………… 37
共振角周波数 …………………… 37
極表示 …………………………… 36
キルヒホッフの節点則 ………… 11
キルヒホッフの第1法則 ……… 11
キルヒホッフの第2法則 ……… 12
キルヒホッフの電圧則 ………… 12
キルヒホッフの電流則 ………… 11
キルヒホッフの閉路則 ………… 12

コイル …………………………… 5
高域通過フィルタ ……………… 40
合成抵抗 ………………………… 16
交流 ……………………………… 1
交流分 …………………………… 2
コンダクタンス ………………… 5
コンデンサ ……………………… 5

さ　行

最大値 …………………………… 1
差動結合 ………………………… 54

ジーメンス	5	低域通過フィルタ	40
自己インダクタンス	54	抵抗	5
実効値	1	定常解	95
遮断周波数	40	定常状態	92
周期	2	電圧源	4
縦続行列	60	電圧則	12
縦続接続	67	伝達関数	97
周波数	2	電流源	5
出力アドミタンス	70	電流則	11
出力インピーダンス	70	電力	48
瞬時値	1	電力量	48
正弦波交流	2	等価電源の定理	80
正弦波交流電圧源	5	特解	95
斉次解	93		
絶対平均値	1		
節点	11		

な 行

節点則	11	内部インピーダンス	80
節点電位法	13	内部抵抗	22
相互インダクタンス	54	2次コイル	54
相反性	77	二端子回路網	60
相反定理	77	入力アドミタンス	70
		入力インピーダンス	70

た 行

対称な回路	21	ノートンの定理	80

は 行

直流	1	バール	49
直流電圧源	5	倍率器	118
直流分	2	波高値	1
直列接続	16, 67	半値全幅	37

皮相電力 …………………………… 49
比帯域幅 …………………………… 37

ファラド …………………………… 6
フィルタ …………………………… 40
フェーザ表示 ……………………… 31
複素数表示 ………………………… 31
複素電力 …………………………… 49
ブリッジ回路 ……………………… 19
分圧 ………………………………… 16
分流 ………………………………… 17

平衡条件 …………………………… 19
並列接続 ………………………… 17, 67
閉路 ………………………………… 11
閉路則 ……………………………… 12
閉路電流 …………………………… 13
閉路電流法 ………………………… 13
変圧器 ……………………………… 54
変成器 ……………………………… 54
変成器の等価回路 ………………… 55
ヘンリー …………………………… 5

鳳-テブナンの定理 ………………… 80
補償定理 …………………………… 82
帆足-ミルマンの定理 …………… 114
ボルトアンペア …………………… 49

ま 行

巻線比 ……………………………… 57

密結合変成器 ……………………… 56

無効電力 …………………………… 49

や 行

有効電力 …………………………… 49

容量 ………………………………… 6
四端子回路 ………………………… 60
四端子行列 ………………………… 60

ら 行

ラプラス変換 ……………………… 93

力率 ………………………………… 49
理想変成器 ………………………… 56

レジスタ …………………………… 5

わ 行

ワット ……………………………… 48
ワット時 …………………………… 48
ワット秒 …………………………… 48
和動結合 …………………………… 54

欧 文

F 行列 ……………………………… 60

K 行列 ……………………………… 60

Q 値 ………………………………… 37

索　引

T-π 変換 …………………… 85
T 型回路 ……………………… 69

Y-Δ 変換 …………………… 85
Y 行列 ………………………… 60

Z 行列 ………………………… 60

π 型回路 ……………………… 69

著者略歴

馬場　一　隆
（ば ば　かず たか）

1987年　東北大学大学院工学研究科博士
　　　　課程修了
現　在　仙台高等専門学校教授
　　　　工学博士

宮　城　光　信
（みや ぎ　みつ のぶ）

1965年　東北大学工学部通信工学科卒業
　　　　東北大学教授, 仙台高等専門学
　　　　校校長, 東北学院常任理事など
　　　　をへて
現　在　東北工業大学学長
　　　　工学博士

解きながら学ぶ電気回路演習

定価はカバーに表示

2004年 4 月15日　　初版第 1 刷
2014年 9 月15日　　新版第 1 刷
2021年 2 月25日　　　　第 5 刷

著　者　馬　場　一　隆
　　　　宮　城　光　信
発行者　朝　倉　誠　造
発行所　株式会社　朝　倉　書　店
　　　　東京都新宿区新小川町 6-29
　　　　郵便番号　162-8707
　　　　電話　03(3260)0141
　　　　FAX　03(3260)0180
　　　　http://www.asakura.co.jp

〈検印省略〉

© 2014 〈無断複写・転載を禁ず〉

ISBN 978-4-254-22059-9　C 3054

JCOPY <出版者著作権管理機構 委託出版物>

本書の無断複写は著作権法上での例外を除き禁じられています. 複写される場合は,
そのつど事前に, 出版者著作権管理機構 （電話 03-5244-5088, FAX 03-5244-5089,
e-mail: info@jcopy.or.jp）の許諾を得てください.

好評の事典・辞典・ハンドブック

物理データ事典	日本物理学会 編	B5判 600頁
現代物理学ハンドブック	鈴木増雄ほか 訳	A5判 448頁
物理学大事典	鈴木増雄ほか 編	B5判 896頁
統計物理学ハンドブック	鈴木増雄ほか 訳	A5判 608頁
素粒子物理学ハンドブック	山田作衛ほか 編	A5判 688頁
超伝導ハンドブック	福山秀敏ほか編	A5判 328頁
化学測定の事典	梅澤喜夫 編	A5判 352頁
炭素の事典	伊与田正彦ほか 編	A5判 660頁
元素大百科事典	渡辺 正 監訳	B5判 712頁
ガラスの百科事典	作花済夫ほか 編	A5判 696頁
セラミックスの事典	山村 博ほか 監修	A5判 496頁
高分子分析ハンドブック	高分子分析研究懇談会 編	B5判 1268頁
エネルギーの事典	日本エネルギー学会 編	B5判 768頁
モータの事典	曽根 悟ほか 編	B5判 520頁
電子物性・材料の事典	森泉豊栄ほか 編	A5判 696頁
電子材料ハンドブック	木村忠正ほか 編	B5判 1012頁
計算力学ハンドブック	矢川元基ほか 編	B5判 680頁
コンクリート工学ハンドブック	小柳 洽ほか 編	B5判 1536頁
測量工学ハンドブック	村井俊治 編	B5判 544頁
建築設備ハンドブック	紀谷文樹ほか 編	B5判 948頁
建築大百科事典	長澤 泰ほか 編	B5判 720頁

価格・概要等は小社ホームページをご覧ください.